참
한옥
집짓기

보리살림총서

참 한옥 집짓기

김도수 씀

김 목수가
살림집
현장에서
쓴 이야기

보리

차례

김 목수가 드리는 글　　　　　　　　　　　　7

한옥 한 채를 짓는 순서　　　　　　　　　　10
이 집 탈 없이 잘 짓게 하소서　　　　　　　　22
나무와 돌과 흙　　　　　　　　　　　　　24
누워서 꿈꾸는 집　　　　　　　　　　　　36
집터를 구할 때 꼭 따져 보자　　　　　　　　44

● 바닥을 단단하게 마련한다　　기초 공사　　49
　　　　　　　　　　　　　　주춧돌　　　56

● 집 뼈대를 세운다　　기둥　　　　　　63
　　　　　　　　　　보아지　　　　84
　　　　　　　　　　창방　　　　　90
　　　　　　　　　　주두와 소로　　95
　　　　　　　　　　보　　　　　101
　　　　　　　　　　동자기둥과 대공　111
　　　　　　　　　　도리　　　　　117

● 머리를 얹는다

추녀 129
서까래 138
평고대 150
사래와 부연 157
개판 162
지붕 만들기 165
기와 174

● 벽을 세우고 문을 낸다

인방 185
미장 193
구들 198
마루 205
문과 창 215
집 안팎 꾸미기 234

목수가 쓰는 연장 236
한옥, 짓고 살아 볼 만한 집 242

참고한 책들 248
찾아보기 251

●   김 목수가 드리는 글

  저는 '김 목수'입니다. 이름난 목수도 아니고, 이름난 목수 분께 배운 적도 없습니다. 그냥저냥 동네 목수입니다. 하지만 늘 배움이 있는 곳에 가 있으려 했고, 아주 작은 일도 그냥 지나치지 않았으며, 한옥이 지닌 원리를 탐구하려 애썼습니다. 그저 세월 따라 목수 일을 했던 이름 없는 장인들이 제 스승입니다. 저는 그분들께 가르침을 받았고, 작은 일부터 겪으며 배웠습니다. 그리고 제가 배워서 일한 것들, 보고 깨달아서 알게 된 것들부터 쓰기 시작했습니다.

  책을 쓰는 된 사연은 이렇습니다. 몇 해 전부터 한옥에 관한 책들이 갑작스레 많이 나왔는데, 책을 쓴 분들은 한옥을 짓는 목수도 아니고 전통건축 전문가도 아니었습니다. 책들을 가만히 살펴보니 관련 책 부분 부분을 뽑아 엮어 놓은 것 같았습니다. 그래서 사람이 먹고 자는 살림집에 관한 책이 더 있어야겠다고 생각했습니다. 한옥을 짓는 현장에서 일어나는 생생한 일들을 담고 싶었습니다. 또 집 짓는 부재들을 어떻게 만들어 쓰는지, 그리고 부재들끼리 어떻게 잇고 짜맞추는지, 부재들이 서로 어떻게 받치고 잡아 주는지에 대해 이야기하고 싶었습니다.

이 책은, 사람이 사는 집 곧 우리 한옥 살림집을 중심으로 써 나갔습니다. 한옥 살림집은 제가 앞으로 계속 공부하고 싶고 더 좋게 지어 보고 싶은 집이기 때문입니다. 그래서 살림집 테두리를 벗어난 내용은 쓰지 않았습니다. 이 책에 나오는 부재들 크기는 모두 보통 살림집에 쓰는 것입니다.

　또, 전통 한옥에 뿌리를 두지만 그것에 얽매이지 않았습니다. 예를 들어, 옛 살림집에는 수장재 두께를 거의 세 치 정도로 썼습니다. 벽 두께가 9센티미터를 넘지 않는다는 말입니다. 하지만 요즘 한옥에는 수장재를 더 크게 씁니다. 지금은 큰 부재를 구하기 쉽고, 다른 여러 재료들도 얼마든지 구할 수 있게 되었습니다. 그러니 더는 옛날 한옥 살림집에 쓰던 부재 치수를 고집할 까닭이 없습니다. 이제는 화장실도 부엌도 집안으로 옮겨올 수 있게 되었으니 집 구조를 마음껏 바꿀 수 있습니다. 그렇지만 옛 장인들이 집을 지은 지혜는 그대로 따릅니다. 부재들 크기를 어떻게 하면 튼튼한지, 그것들을 어떻게 놓고, 서로 잇고 맞추는 것이 좋은지는 옛 기법에서 무수히 배우게 됩니다.

　이 책은 집 짓는 과정을 따라 줄거리가 있는 내용으로 쓰지 않고, 부재 낱낱을 중심으로 글을 썼습니다. 그러다 보니 아무래도 책 내용이 어려워지고 재미도 없어집니다. 그런데도 이렇게 쓴 까닭은, 한옥에 쓰는 여러 부재 가운데 그 어떤 것도 눈요기나 호사를 위해 생겨난 것이 없기 때문입니다. 한옥을 짓는 부재는 꼭 필요해서 만들었고, 부재들은 다른 부재들과 깊은 관계를 가지고 있습니다. 그래서 한옥을 짓는 부재들과 쓰임새에 초점을 맞췄습니다.

 이제 몇몇 분께 고맙다는 말을 전하고 싶습니다.
 처음에는 책을 낼 수 있을지 참 막연했습니다. 일하면서 원고를 계속 쓰고 있었지만 책을 내는 게 쉽지 않았습니다. 그러다가 보리 출판사에 원고를 보내게 되었습니다. 보리 출판사는 한옥에 관한 책을 낸 적이 없지만 왠지 마음이 갔습니다. 책을 내기로 하고 많은 도움까지 받았습니다. 참 고맙습니다.
 그리고 우리 '참한옥' 식구들을 빼놓을 수 없습니다. 현장에서 뜨거운 열기와 손마디 얼어붙는 고통도 감내하며 한옥 일을 함께하는 제 동지들, 사랑합니다. 미미한 글재주와 짧은 지식으로 쓴 책 내용을 두루 살펴봐 준 화천한옥학교 한진 학장님과 내 동무 길성민 소장에게도 고마운 마음을 전합니다.
 머리글을 쓰는 이 순간도 바깥은 엔진 톱 소리, 전기 대패 소리로 진동합니다. 존경합니다. 우리 목수 분들.
 끝으로 제 마음을 식구들에게 전합니다. 사랑한다고.

2015년 10월
김도수

한옥 한 채를 짓는 순서

집 지을 준비 세상 모든 일이 그렇지만, 한옥을 한 채 지으려면 계획을 잘 세우고 여러 가지를 미리 준비해야 한다. 우선 어떤 집을 지을 것인가, 그 집에 누가 들어와 살 것인가부터 정해야 한다. 그런 다음 집 지을 땅을 구하고, 관청에 허가를 받아야 한다. 또 상하수도나 전기 같은 여러 시설들을 함께 마련해야 한다. 그리고 좋은 목수와 알맞은 나무를 만나야 한다. 여기에 날씨나 일정까지 생각해야 한다.

집을 짓기 위해서는 **집터**를 먼저 구해야 한다. 집 지을 수 있는 땅이 있다고 마음을 놓아서는 안 된다. 집으로 오가는 길을 마음 편히 쓸 수 있는지, 물을 구할 수 있는지, 전기와 통신을 쉽게 끌어 쓸 수 있는지도 함께 살펴야 한다. 진입로 때문에 이웃과 다투다가 거의 다 지은 집을 헐값에 내놓은 일도 보았다.

그런 다음 집 짓기에 알맞은 나무를 알아보고 좋은 목수를 만나야 한다. 나무는 한 해 이상 묵어서 어느 정도 마른 것을 고르는 게 좋다. 많이 말랐다고 해서 다 좋은 나무는 아니다. 갈라지지 않아야 하고 곰팡이가 피지 않아야 한다. 겨울에 나무를 깎고 다듬어서 이른 봄에 집을 짜는 것이 좋다. 그러면 나무에 곰팡이도 피지 않고 장마도 피할 수 있다.

●

건축 허가나 신고　　집을 지으려면 시청이나 군청, 구청에 **건축 허가**를 받거나 **신고**를 해야 한다. 건축물 허가나 신고를 할 때는 건축사 같은 자격이 있는 사람이 그린 설계도면이 꼭 있어야 하고 몇 가지 서류도 준비해야 한다. 새집을 짓기 위해 옛집을 철거하려고 할 때도 철거 신고를 해야 한다.

　건축 허가를 받아야 하는 경우와 신고를 하는 경우가 있다. 신고는 작은 건물을 지을 때 한다. 100제곱미터(30.5평)보다 작은 건물을 새로 짓거나, 85제곱미터(26평)보다 작은 건물을 늘려 짓거나 고쳐 짓거나, 농림지역, 자연환경보전지역에서 200제곱미터(65평)보다 작고 3층이 안 되는 건물을 지을 때는 건축 신고를 해야 한다(건축법 제 14조). 이 밖에는 모두 건축 허가를 받아야 한다.

　살림집을 서른 평 넘게 지으려면 관청에 건축 허가를 받아야 한다. 서른 평 한옥 살림집은 공용면적이 없기 때문에 마흔 평쯤 되는 아파트와 엇비슷하게 넓다.

●

터 닦기　　집터와 집이 앉을 방향을 정하고 나면 터를 닦는다. 먼저 집터를 만들기 위해 비탈지고 높은 땅을 파내고 낮은 곳이나 구덩이를 메운다. 그리고 흙을 돋우어 집터를 평평하게 고르고 둘레보다 높게 만든다. 이때는 터를 파면서 나온 흙이나 돌을 쓴다. 마지막으로 집터 둘레를 단단하게 다져야 한다. 옛날에는 '달구'를 써서 집터를 다졌지만 지금은 중장비로 한다.

기초 공사와 주춧돌 놓기   요즘은 한옥도 거의 콘크리트로 **기초 공사**를 한다. 콘크리트는 튼튼하고 비용이 덜 들며 시공하기 쉬운 편이다. 콘크리트 기초를 할 때는 보통 건물 자리 전체에 콘크리트를 쏟아 부어 굳히는 **통기초**를 한다. 하지만, 구들을 놓을 때는 구들 자리를 비워 두고 구들방 테두리 부분만 콘크리트를 쏟아 부어 굳힌다. 이를 **줄기초**라 한다.

이제 **주춧돌**을 놓을 차례다. 주춧돌에는 산이나 들에서 가져온 돌 그대로 쓰는 **자연 주춧돌**과 돌 가공 공장에서 반듯하게 만든 **다듬 주춧돌**이 있다. 기초 위에 주춧돌을 놓고 주춧돌 위에 기둥을 세운다. 그래서 기초 위에 주춧돌을 놓을 때 주춧돌들 높이가 서로 비슷해야 기둥 세우기가 쉽다. 주춧돌을 놓고 난 다음 주춧돌 아랫부분에 콘크리트와 자갈을 빈 곳 없이 꼼꼼하게 밀어 넣고 닷새 넘게 온전히 굳혀, 주춧돌이 움직이지 않게 한다. 이를 현장에서는 '사춤'이라고 한다.

구들 놓을 자리를 비워 두고 줄기초를 했다. _광주 안씨 종갓집 현장

●

기둥 세우기　목수들이 집 지을 나무를 모두 다듬고 가장 먼저 하는 일이 주춧돌을 놓고 기둥을 세우는 일이다. 주춧돌을 놓고 나면 주춧돌 위에 **기둥**을 세운다. 기둥은 다림(수직으로 잘 섰는지를 보는 일)을 보고 그레질을 해 세운다. 그레질은 기둥을 놓을 주춧돌 윗면을 그대로 기둥에 본떠서 그리는 일이다. 주춧돌 윗면 높이는 조금씩 다를 수밖에 없기 때문에, 기둥을 그레질 해 세워야 모든 기둥머리들이 같은 높이에 놓이게 된다.

첫 기둥을 세우고 **입주식**을 한다. '입주'는 '기둥을 세운다'는 뜻이다. 첫 기둥을 세우면서부터 집 짜기를 시작하므로, 앞으로 탈 없이 집 짜기를 마칠 수 있기를 바라며 간단히 고사를 지내는 것이다.

첫 기둥을 세우고 난 뒤, 이 첫 기둥을 기준으로 해서 나머지 기둥들을 같은 높이로 세운다.

●

집 짜기　기둥을 세우고 나면 집 짜기를 시작한다. 기둥을 세울 즈음에 목수들이 발을 딛고 올라가 일할 수 있도록 비계를 멘다.

기둥머리에 **보**와 **도리**를 짜맞춰서 집 기본 뼈대를 이룬다. 보와 도리는

콘크리트 기초 위에 주춧돌을 놓고, 주춧돌 아래에 콘크리트와 자갈을 꼼꼼히 밀어 넣는다. _광주 안씨 종갓집 현장

첫 기둥을 세우고 있다. 다림을 보고 그레질을 해 기둥을 반듯하게 세운다. _광주 안씨 종갓집 현장

지붕 무게를 기둥에 전한다. 이때 보와 도리가 지붕 무게를 받아 기둥으로 전달하는 걸 돕는 여러 부재들을 먼저 끼워 대야 한다.

　기둥을 세우고 기둥 윗부분에 **보아지**를 끼워 댄다. 기둥에 끼운 보아지에 **장여**를 맞춘다. 집 모퉁이에 있는 귀기둥에서는 보아지 없이 장여끼리 맞춤한다. 장여는 도리를 받치는 부재로 나중에 장여 위에 도리를 얹는다. 그리고 익공집이라면 먼저 기둥에 보아지를 끼우고 기둥 사이에 **창방**을 끼워 기둥머리를 서로 잡아 준다. 그런 다음 기둥 위로 **주두**를 올리고, 창방 위로는 **소로**를 얹은 뒤 **대들보**를 주두에 앉힌다.

　기둥 둘을 건너질러 **대들보**를 기둥 사개에 끼운다. 그리고, 대들보 위로 **도리**를 얹는다. 도리는 서까래를 받치는 구실을 한다. 대들보에 **동자기둥**을

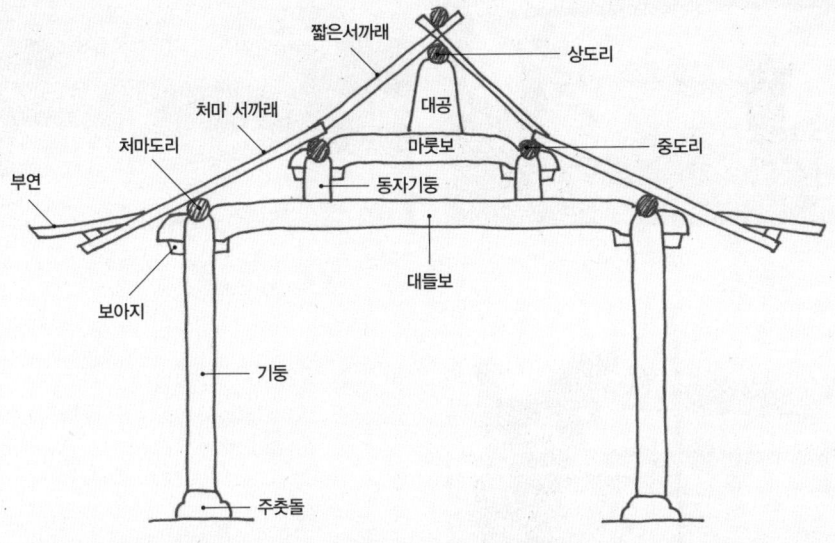

기둥머리와 보, 도리, 여러 부재들을 단단히 짰다.

대들보를 끼우고 있다. 이 집은 납도리집이어서 주두를 올리지 않았다. _광주 안씨 종갓집 현장

마룻보를 동자기둥에 끼우고 있다. 마룻보에는 판대공을 미리 끼워 두었다. _광주 안씨 종갓집 현장

추녀를 앉히고 있다. _광주 안씨 종갓집 현장

추녀를 앉혔다. 아름다운 처마선을 오래도록 지키려면 추녀를 단단히 묶어 두어야 한다. _광주 안씨 종갓집 현장

끼우고 여기에 **마룻보**(종보)를 끼운다. 마룻보에 **중도리**를 끼운다.

처마 귀퉁이에 **추녀**를 앉힌다. 중도리를 십자꼴로 맞춤해 이곳에 추녀 뒷부분을 건다. 추녀는 큰 부재이고 기울어지게 앉히기 때문에 추녀가 처질 수도 있다. 그래서 십자꼴로 맞춤한 도리와 추녀 뒤꼬리에 구멍을 뚫고 전산볼트로 단단히 묶기도 하고, 커다란 연정을 박기도 한다.

마룻보에 **대공**을 얹고 대공 위에 **상도리**를 올린다. 마룻보를 올릴 때 대공을 미리 마룻보에 끼워 올리기도 한다. 대공 위로 뜬창방이나 장여가 있으면 상도리보다 먼저 맞춤한다.

집을 이만큼 짓고 나면, 집주인은 친지, 이웃사람 들을 모두 불러 **상량식**을 연다. 상량식을 할 때는 갖은 음식을 차려 놓고 고사를 지내는데 상량문을 소리 내어 읽는다. 상량문에는 집을 어떻게 짓게 되었는지, 돈은 얼마나 들었는지를 쓰고, 도와 준 이들 이름, 집 짓는 목수들 이름도 적는다. 그리고 이 상량문을 장여나 뜬창방에 홈을 파 집어넣는데, 오래 잘 보관하기 위해 들기름을 붓기도 한다. 상량식은 집주인과 함께 목수들도 흥이 나는 날이다. 상량식 때 집주인은 집이 잘 됐다고 이웃사촌들한테 부러움을 사고, 집 지은 목수들은 그 솜씨로 칭찬을 듣는다. 게다가 온종일 맛난 술과 고기로 배를 채우고 상량돈까지 받으니 얼마나 좋겠는가.

상량식 백미는 상량문을 적은 장여(또는 창방)를 흰 광목에 매달아 끌어올려 제자리에 끼우는 것이다. 그 일을 목수들이 한다.

상량식을 하고 있다. 집주인 내외가 고사상 앞에 앉아 있고 문중 어른이 상량문을 읽는다. _광주 안씨 종갓집 현장

이때 상량돈이 부족하다며 장여를 매단 광목천을 올리지 않고 버티면 이웃사람들은 껄껄 웃고 집주인은 눈치껏 상량돈을 더 보탠다.

●

지붕 만들기   상량식을 마치고 나면 이제 지붕을 만들 차례다. 먼저 걸어 놓은 추녀에 **평고대**로 처마 선을 잡고 **서까래**들을 건다.

서까래를 걸고 나면 그 위로 **개판**을 덮는다.

지붕 위 양옆에 생긴 세모꼴 벽에 **합각**을 만든다. 여기에 **박공**을 붙인다. 박공은 넓고 두꺼운 널판 두 장을 ㅅ꼴로 맞대 붙여 만든다.

목수가 지붕 작업을 끝내면 전기 배선 작업을 한다. 전기선은 될 수 있으면 눈에 띄지 않게 깔고, 목재에는 꼭 필요한 부분에만 구멍을 뚫는 게 좋다. 전기 배선을 할 때 통신 공사와 함께 한다.

지붕에 **기와**를 올려 지붕 공사를 마무리한다. 기와를 올리는 과정은 이렇다. 먼저 **연함**을 붙이고 **적심**을 놓는다. 적심은 지붕 물매를 자연스럽게 잡기 위해 서까래 위에 놓는 나무토막이다. 그 다음으로 생석회와 마사흙, 진흙을 섞은 보토를 깔아 준다. 그 위에 암키와를 인 다음 수키와를 인다.

평고대로 매기를 잡은 지붕에 서까래를 걸고 있다. _광주 안씨 종갓집 현장

짧은서까래에 개판을 덮고 있다. _광주 안씨 종갓집 현장

팔작지붕 합각 부분을 만들고 있다. _광주 안씨 종갓집 현장

지붕에 전기 배선을 하고 있다. _광주 안씨 종갓집 현장

지붕에 기와를 이기 위해 보토를 깔고 있다. _광주 안씨 종갓집 현장

암키와를 이고 있다. _광주 안씨 종갓집 현장

한옥 한 채를 짓는 순서 19

인방을 드리고 있다. _광주 안씨 종갓집 현장

방바닥에 보일러 공사를 하고 있다. _광주 안씨 종갓집 현장

우물마루를 깔았다. _광주 안씨 종갓집 현장

대문을 달았다. _광주 안씨 종갓집 현장

• **벽과 바닥 만들기**   지붕까지 만들고 나면, 인방과 벽선, 문선 같은 **수장재**를 드린다. 이것들은 벽체의 뼈대가 된다.

벽체에 **미장**을 하고 마루를 깔고 방바닥 공사를 한다. 방바닥은 **구들**이나 보일러 공사를 한다. 그리고 창과 문도 달고, 장판을 깔고 도배를 한다. 부엌에 싱크대를 들이고 전등 들을 달면서 집안을 꾸미는 공사를 한다.

새로 지은 집에 들어가는 날, 입주식을 하기도 한다. 집주인은 판문 떳장을 자르고 대문을 활짝 열어 바깥세상 만복과 함께 집안으로 들어간다.

한옥 한 채를 지으려면 서둘러도 대여섯 달은 걸린다. 집 짓는 동안 이런저런 문제들도 생기게 마련이다. 집주인과 목수들이 서로 상의하고 궁리하면서 지어야 한다. 일터가 순조로우면 집도 잘 지을 수 있고, 그 집에 복이 깃들게 마련이다.

이 집 탈 없이
잘 짓게 하소서

우리 선조들은 집 한 채를 짓는 동안 상량식뿐 아니라 여러 가지 고사들을 지냈다.

'모탕고사'는 목수들이 집 짓는 일을 시작하기 전, 연장에 다치거나 나쁜 일이 없기를 바라며 지낸다. 모탕은 나무를 켜거나 자를 때 밑에 받치는 나무토막을 말한다. 이 모탕 둘레에 간단한 제물과 톱, 장도리, 자귀 같은 연장을 늘어놓고 고사를 지낸다.

한옥에서 '입주'는 두 가지 뜻이 있다. 하나는 집을 짓기 위해 기둥을 세운다는 말이고, 또 하나는 다 지은 새집에 들어가 살기 위해 첫발을 들인다는 말이다.

'입주식(立柱式)'은 첫 기둥을 세우면서 지내는 고사다. 집 짜는 일에 탈이 없기를 바라는 마음에서 간소하게 지낸다. 첫 기둥을 세우고 막걸리 한 통에 명태포 하나 올려놓고 넙죽 절한다. 막걸리를 기둥 자리에 뿌리고 목수들은 한 모금씩 마신 뒤 곧바로 일한다. 다른 한옥 목수들이 어떨지 모르겠지만 우리 팀은 늘 그래 왔다.

'상량식'은 기둥을 세우고 보를 얹은 다음 집 맨 위에 놓는 상도리를 올릴 때 지내는 고사다. 상량식을 하는 동안은 공사를 쉬고 일꾼들과 이웃들을 잘 대접한다. 한옥 목수들은 하루하루 일당으로 일하는데 이날만큼은 일하지 않아도 일당을 받는다. 또 고기도 먹고 술도 마시는 흥겨운 날이다. 보통 살림집을 지을 때는 상량식을 지내지만, 요즘 들어 인심이 야박

첫 기둥을 세우고 간단한 고사를 지내고 있다. 입주식이다.

해져 그런지 상량식을 하지 않는 경우도 있다.

'입주식(入住式)'은 요즘 하는 '준공식'과 같다. 집을 다 짓고 나서 집주인이 새로 지은 집에 정식으로 들어갈 때 지내는 행사다. 바깥주인은 닫힌 대문 띳장을 톱으로 썰어 문을 열고, 안주인은 화로에 불씨를 담아 들어간다. 이웃들이 축하해 주고, 큰 복이 집으로 들어오기를 바라며 지낸다.

나무와 돌과 흙

● **한옥은 나무와 돌과 흙으로 짓는다**   집은 사람 몸과 같아서 땅에서 나서 다시 땅으로 돌아간다. 그래서 집은 그곳 땅을 쏙 빼닮는다. 흙이 많으면 흙집을 짓고, 돌이 많으면 돌집을 짓고, 나무가 많으면 나무 집을 짓고 산다. 또 비가 많이 오면 지붕을 삿갓처럼 짓고, 비가 적으면 지붕을 평평하게 한다. 더운 곳에서는 풀잎이나 나뭇가지를 엮어 바람이 잘 통하도록 집을 짓고, 추운 곳에서는 벽을 두껍게 쌓고 문과 창을 작게 단다.

우리 땅은 예전부터 돌도 많고 좋은 흙도 많았다. 또 산이 많아 나무도 넉넉했다. 그래서 나무로 뼈대를 만들고 흙으로 벽을 쌓았다. 돌로는 기단을 쌓고 구들을 놓았다. 돌과 흙을 섞어 담장을 쌓기도 했다.

한옥은 전통 기법을 지키며 발전해 가고 있다. 부분으로는 현대 건축 방식도 따르고 있다. 집터를 잡고 기초 공사를 할 때는 철근 콘크리트를 쏟아 부어 마련하는 것처럼 말이다.

● **집 짓기 좋은 나무**   한옥은 나무와 흙, 돌로 짓는다. 그 가운데 나무는 집 뼈대를 이루는 중요한 재료다. 한옥 짓는 재료로 가장 많이 쓰는 나

무는 소나무다. 소나무는 우리 땅에 많이 자라는 나무고, 성질이 질기고 색이 아름다우며, 벌레가 타지 않는다. 한옥을 짓는 데 우리 소나무(육송)나 외국에서 들여온 소나무(주로 북미산 더글라스 퍼)를 가장 많이 쓴다. 러시아에 나는 '사스나'란 소나무도 쓰기 좋은데 지금은 수입이 잘 되지 않아 안타깝다.

나무를 오랫동안 다뤄 온 경북 영주 제재소 사장님께 물었더니, 우리 나라 소나무는 경북 영덕 이북에 자라는 나무를 재목감으로 친다고 한다. 영덕 아래 지방 나무는 웃자라서 나무가 단단하지 않기 때문이란다. 지구 온난화 때문에 이 상한선이 곧 무너진다고 하니 걱정이다. 앞으로 몇 십 년 안에 쓸 만한 우리 소나무는 남한 땅에서 사라질지도 모른다.

한옥 목수를 하다 보면 우리 건축 문화재를 보수할 때가 더러 있다. 그러면서 우리 선조들이 집 지은 나무들을 살펴볼 수 있다. 가장 많이 쓴 나무는 예나 지금이나 소나무다. 그런데 기둥이나 도리, 보처럼 큰 무게를 받는 부재로 참나무나 느티나무도 많이 썼다. 느티나무는 넓은잎나무라 곧게 자라지 않는데 굽은 나무를 그대로 기둥으로 썼다. 느티나무 기둥은 한옥에 기막힌 운치를 더한다. 곧게 자라는 참나무는 기둥으로는 거의 쓰지 않고 도리로 많이 썼다. 참나무를 기둥으로 쓰지 않는 것은 벌레들이 잘 갉아먹기 때문이라고들 한다. 그런데 신라시대 지은 법주사 아래층 기둥이 모두 참나무인 걸 보면, 생태 조건이나 정부 정책, 노동 조건 들에 따라 건축 재료가 달라지는 듯하다. 기록을 보면 옛날에는 참나무, 밤나무, 팽나무, 가래나무 들도 집 짓는 데 많이 썼다고 한다. 목수 입장에서 소나무는 덜 무겁고 깎기 편해 일하기 좋다. 또 소나무는 무게에 비해 단단하고 뒤틀림이 적다. 또 곧게 자라니 참 좋다.

한 가지 알아둬야 할 것은, 집 지을 소나무는 겨울에 벤 것을 써야 한다는 것이다. 물이 오르는 봄과 여름에 벤 나무는 물기가 너무 많아 무르고 아무리 관리를 잘해도 곰팡이도 피고 뒤틀림도 심하며 벌레도 잘 생긴다. 하지만 겨울에 벤 나무는 물기가 적어, 말랐을 때 뒤틀림도 적으며 단단하고 곰팡이도 피지 않는다. 특히 '춘양목'*이라 부르는 소나무는 야적장에 오랫동안 눈비나 볕을 맞아도 제재하면 속살이 깨끗하게 드러나고 뒤틀림도 적다고 한다.

●

나무 위아래를 살펴 쓴다 한옥 목수들은 나무를 쓸 때 나무 위아래를 구분해 쓴다. 기둥을 세울 때나 서까래를 걸 때 나무가 자란 대로 놓는 것이다. 오래 전 나무를 구하기 어렵고 실어 나르기도 힘들던 시절에는 집터 뒷산에 있는 나무를 베어다 집을 지었다. 그리고 나무가 뿌리박고 자란 그 방향 그대로 기둥으로 세웠다고 한다. 애써 구분하고 살펴 쓰는 이유는 조금이라도 더 튼튼한 집을 짓기 위해서다.

원구는 나무 아래, 뿌리 쪽을 말한다. 다른 말로 '밑동부리', '벌구'라고도 한다. **말구**는 가지를 펴고 하늘 위로 자란 나무 위쪽을 말한다. '끝동부리'라고도 한다. 원구는 단단하고 말구는 물 빠짐이 좋다.

나무는 땅에 뿌리를 박고 하늘을 향해 가지를 뻗는다. 나무 몸체에서 가지가 나오는 그루터기를 '옹이'라고 하는데. 옹이가 위로 두 팔을 벌리듯 벌어진 쪽이 말구다. 또 옹이를 가만 살펴보면 옹이 나이테 가운데에서 긴

---

* '춘양목'은 '금강송', '강송', '유주'라고도 한다. 다른 소나무보다 더 붉고 나이테가 촘촘하다. 곧게 자라므로 결이 곧고 뒤틀림이 적으며 옹이도 적다. 강원도 산간 지역 산판에서 좋은 적송을 잘라 경상북도 춘양에 있는 '춘양역'에 모은 다음 우리 나라 여기저기로 보내기 때문에 흔히 '춘양목'이라고 부른다.

원구와 말구. 옹이가 벌어진 쪽이 말구고, 옹이 눈썹이 긴 쪽이 말구다.

쪽이 원구고, 옹이 눈썹이 긴 쪽이 말구다. 가끔 옹이가 아주 작거나 없는 나무는 자른면에 있는 나이테를 살펴보면 된다. 심재가 넓고 나이테가 촘촘한 쪽이 원구다.

●

나무 속과 겉　나무 몸체를 잘라보았을 때 나이테 한가운데가 '수'다. '심'이나 '고갱이'라고도 부른다. 여기에 가까운 부분을 **심재**(속재목)라 하고, 나무 거죽에 가까운 쪽을 **변재**(겉재목)라고 한다. 심재는 색이 짙고 단단하며, 변재는 색이 밝고 무르다. 심재는 변재가 굳어서 만들어지므로 변재보다 뒤틀림이 덜하고 단단하다. 곰팡이도 잘 나지 않는다.

　나무들 굵기가 서로 같더라도 심재가 같은 너비를 차지하지는 않는다.

나무 중심은 '고갱이', 색이 짙은 부분이 '심재', 테두리 쪽 색이 옅은 부분이 '변재'다.

강원도 횡성 소나무인데 심재가 아주 넓다.

심재가 넓지 않은 나무는 웃자란 나무다. 웃자란 나무는 양분이 많은 땅에서 자라고 춥고 매서운 바람을 타지 않은 나무다. 그래서 단단하게 자라지 않고 성큼성큼 크다 보니 나이테 간격도 넓고 심재도 적거나 거의 없다.

2014년 여름에 화천 군청 주관으로 스웨덴과 노르웨이에 사모정을 지으러 간 일이 있었다. 그곳에서 나는 우리 금강송과 똑같이 생긴 소나무 숲이 끝없이 펼쳐진 풍경과 마주하게 되었다. 춥고, 눈비가 많으며 땅은 모래질이라 척박하기 그지없었다. 소나무는 척박하고 추운 곳에서 잘 자라는 나무라는 것을 알 수 있었다.

목재는 볕이나 바람에 닿으면 심재 쪽으로 터져 갈라지는 성질이 있다. 나무 겉이 속보다 빨리 마르기 때문이다. 나무가 마르게 되면 오그라드는데 변재 쪽이 심재보다 많이 오그라들면서 적게 줄어든 심재가 갈라 터지는 것이다.

●

나무가 휘는 방향 나무는 곧게 베고 잘라도, 마르면서 휘기도 터지기도 한다. 나무는 원래 위로 곧게 자라지 않는다. 볕을 보려고 옆 나무와 겨루며, 새로 난 가지가 해를 볼 수 있도록 몸을 틀기도 하고 이리 휘고 저리 꼬부라진다. 그런 나무를 제재기로 켰으니 나무가 가만있을 리 없다. 제 살아 있을 적 그 모습으로 꼬이고 휜다. 나무는 자라온 모양으로 갈라진다.

오른쪽 사진에 있는 나무는 시계 반대 방향

서까래로 쓸 나무다. 오래 말려서 나무가 갈라져 있다.

나무와 돌과 흙

으로 자랐다. 나무는 자라온 모습대로 갈라지기 때문에, 갈라진 것만 보아도 나무가 어떤 방향으로 돌면서 자랐는지 알 수 있다. 북반구인 우리 나라에서 동쪽에서 해가 떠 서쪽으로 지니 나무도 그와 같이 돌면서 자란 것이다.

이 나무를 길게 켰을 때 나무 중심에 가까운 쪽을 **배**라 하고 먼 쪽을 **등**이라 한다. 길게 켠 나무는 길이 방향에서 등 쪽으로 휘어 오른다. 그리고 나무를 잘랐을 때 심재 쪽으로 휘어 오른다. 목재 바깥쪽이 연하고 부드러워서 더 빨리 마르기 때문이다.

목수는 수장을 드릴 때 나무 등 쪽을 윗면으로 쓴다. 나무는 등 쪽으로 휘어 오르기 때문에 보나 도리도 등 쪽을 위로 써서 지붕 무게나 벽체 무게를 견디도록 한다. 큰 문이나 창이 들어서는 곳에는, 창문 하인방은 배를 위쪽으로 써서 아래로 휘도록 하고, 상인방은 등을 위쪽으로 써서 위로 휘도록 한다. 나무 등배를 구분해 쓰지 않으면, 처음에는 잘 여닫을 수 있던 창문이 세월이 지나 잘 열리지도 닫히지도 않게 된다. 기둥에 붙는 벽선이나 문선처럼 세워 대는 수장재는 등을 기둥 쪽에 둔다. 그래야 창문틀이 좁아지지 않고, 주선과 기둥 사이에 틈도 벌어지지 않는다.

●

나무 보관 치목을 마친 나무는 곧바로 집 짜기를 시작해야 한다. 아무리 나무를 잘 보관한다 하더라도 나무는 터지고 돌기 마련이다. 해서 더 돌기 전에, 더 터지기 전에 빨리 집을 짜야 한다. 돈이나 허가 문제로 어쩔 수 없이 집 짓는 일이 늦어지면 하는 수 없이 사다 둔 나무들을 잘 보관해야 한다. 나무는 두고두고 천천히 말릴수록 나무가 휘어지거나 갈라지지 않는다. 물에 담가 두거나 연못 속에 묻어 두면 나무 수액이 빠져서 틀어

제재소에서는 처음 들어온 긴 원목을 층층이 쌓고, 필요한 길이만큼 잘라쓴다.

이래저래 잘라 써서 짧아진 나무들은 가로세로로 층층이 쌓아 올려 보관한다.

지거나 터지는 일이 덜하다.

● 흙   한옥을 짓는 데 나무 다음으로 많이 쓰는 재료가 흙이다. 흙으로 지붕에 기와를 만들고 이며, 벽도 흙으로 만든다.

　주춧돌 위에 나무로 된 집 뼈대를 세우고 나면 지붕을 만든다. 지붕에는 보통 **기와**를 이는데, 기와에도 여러 종류가 있다. '토기와'는 우리 전통 기와로 찰진 흙을 이겨 숙성한 뒤 압착해 강한 불(1000도에서 1200도)에서 구워 만든다. 잘 깨지지 않고 오래간다. 우리네 기와는 암키와, 수키와, 망와, 막새, 잡상, 치미처럼 여러 가지 기와를 저마다 쓰임에 맞게 만든다. 또 황토(진흙), 모래(마사흙), 생석회를 섞어 만든 찰진 **삼합토**를 써서 지붕을 이어 나간다.

　벽체도 주로 흙을 써서 만든다. 담을 쌓을 때도 돌과 함께 흙을 쓴다. 흙(황토)을 물에 잘 반죽한 뒤 며칠 동안 숙성시켜 벽을 쌓으면 비바람을 잘 견딘다. 흙 반죽을 숙성하지 않고 만든 흙벽돌은 무겁기만 하고 비바람에 쉽게 부스러진다. 일제 강점기를 거치면서 흙에 볏짚을 썰어 넣기 시작했는데 볏짚이 흙벽을 더 단단하게 만들었다. 채를 쳐서 바짝 말린 황토에 고운 강모래를 넣고 '도박'이라는 바다풀을 끓인 물을 부어 반죽한 것을 벽에 쓰면 잘 갈라지지 않는다. 흙으로 벽을 꾸미면 몸에도 좋고 돈이 적게 든다. 하지만 일이 힘들고 방이 어둡다. 그래서 살림이 넉넉한 집은 회벽으로 벽을 마감한다. 생석회에 고운 모래를 섞어 바다풀 끓인 물이나 찹쌀풀 물로 반죽해 벽을 만들면 하얀 회벽이 된다. 회벽은 튼튼하며 벌레도 쫓고 집도 밝게 한다.

●

철물 이런 이야기를 들어 본 일이 있을 것이다, "한옥은 못 하나 치지 않고 나무를 짜 맞추어 짓는다"고 사실 현장 목수가 듣기엔 말도 안 되는 소리다. 한옥에도 못을 쓴다. 못 뿐 아니라 여러 가지 철물을 쓴다

일단 지붕을 보자. 한옥 살림집에는 지붕 양 옆면을 마감하기 위해 **박공**을 단다. 박공은 넓고 두꺼운 널판 두 장을 人꼴로 맞대서 만든다. 박공 널은 강한 볕과 비바람에 닿으므로 단단히 맞대 고정해야 한다. 이때 박공 널판 두 장을 잇도록 박는 철물이 바로 '격쇠', 또는 '지네철'이다.

이제 집안으로 들어와 보자. 기와집에 대청이 있는 큰 집에는 대청에 이웃한 방문으로 **분합문**을 만들어 달았다. 이 분합문은 겨울에는 닫아 방안을 따뜻하게 한다. 더운 여름이 되면 분합문을 두 겹으로 접어 머리 위로 들어 올려 방이 시원하게 트이도록 했다. 이때 분

박공 널 두 장을 잇기 위해 지네철을 박았다.

더운 여름, 분합문을 들어올려 조철에 걸어두었다. _남산골 한옥마을 순정황후 친가

합문을 들어올려 머리 위로 걸어 두는 철물이 바로 '조철'이다. '달쇠', '들쇠'라고도 한다. 또 여닫이문에 다는 경첩을 '돌쩌귀'라고 한다. 여닫이문에는 동그란 손잡이인 '문고리'가 있고, 이 문고리를 걸어 자물쇠를 채울 수 있도록 둥글게 만든 '배목'이 있다.

한옥에서 철물을 많이 쓰는 곳이 **대문**이다. 현장에서는 '판대문'이라고 한다. 판대문은 긴 널판을 여러 장 붙여 만드니까 튼튼해야 한다. 그래서 널판에 '방환'이나 '광두정'을 박아 띳장에 붙여 댄다. 대문 널에는 장식으로 '국화정'을 붙이기도 하고 'ㄱ자쇠', '정자쇠'를 박아 판문을 감싸기도 한다. 그리고 대문을 여닫고 또 자물쇠를 채울 수 있도록 문고리를 '면판'

한옥에서 철물을 많이 쓰는 곳이 대문이다. _남산골 한옥마을 윤택영 가옥

과 함께 매단다. 판대문에는 경첩을 쓰지 않는다. 대신 양쪽 옆면 널판에 아래위로 굵은 촉을 만들어 '둔테'에 끼워 여닫는다. 경첩 역할을 하는 촉을 보호하기 위해 '감잡이쇠'라는 긴 쇠판을 양쪽 널판 아래위로 감싼다. 또 둔테 구멍에는 대문 촉과의 마찰에 덜 닳게 하기 위해 '확쇠'를 박아 무거운 문을 오래도록 탈 없이 쓰도록 한다.

가장 많이 쓰는 철물은 '연정'이다. 연정은 한옥에서 쓰는 커다란 못이다. 연정은 그 길이가 작은 것은 일곱 치, 큰 것은 두 자쯤 된다. 많이 쓰는 것은 한 자짜리다. 서까래를 도리에 고정할 때 연정을 가장 많이 쓴다. 또 기둥에 벽선을 붙여 댈 때도 많이 쓴다.

●

돌　돌은 집 **기초**를 다질 때부터 쓴다. 예전에는 **기둥**이 서는 자리마다 구덩이를 파고 온갖 돌을 넣고 기초를 다졌다. 기초를 다 마련하면 돌로 **기단**을 쌓아 **집터**를 높인다. 돌로 둘러댄 기단에 기둥을 세우는 자리마다 **주춧돌**을 놓아 기둥이 상하지 않게 한다. 이렇게 돌 위로 나무 집을 세우면 집을 오래도록 보존할 수 있다.

돌은 집 짓는 재료로도 많이 쓴다. 불이 날 때를 대비해 화방벽을 만들 때도 둥근 돌들을 구해다 예쁘게 벽을 만들고, 지붕에 서까래를 걸고 앞쪽으로 쏟아지지 않도록 뒤를 눌러줄 때도 큰 돌들을 쓴다. 얇고 널찍한 돌이 많이 나는 지역에서는 지붕에 기와 대신 돌을 얹어 마감했다. 평창이나 정선에서는 '청석'이라는 점판암을 쪼개 지붕에 기와처럼 얹었다.

방을 만들고 구들을 놓을 때 구들돌을 쓴다. 담장을 만들 때도 계단을 만들 때도 돌을 쓴다. 대청마루에 오를 때 신을 벗고 먼저 디뎌 오르는 곳에도 네모반듯한 디딤돌을 놓아 다리를 편하게 했다.

예전에는 이런 돌들을 모두 집 둘레에서 구해 오고 집터를 만들 때 나온 돌들을 모아 뒀다 썼다. 요즘에는 석재상에서 사다 쓴다.

누워서 꿈꾸는 집

●

좋은 집터 구하기 얼마 전에 경기도 양평군 도장리에 지은 집 이야기를 해 보려 한다.

집주인 부부는 서울에서 살다가 산골이 좋아 양평으로 귀촌하려고 마음을 먹었다. 처음에는 양평에 집을 사려고 했다. 하지만 집값이 터무니없이 비싸서 집을 짓기로 마음을 고쳐먹었다. 그래서 구한 집터는, 남쪽으로 높은 언덕이 있고 뒤쪽 가까이에 새로 지은 이웃집이 들어서 있었다. 동서쪽에도 이웃집이 붙어 있어서 집 방향을 남동쪽으로 잡았다. 집터 바로 앞, 남쪽으로 산등성이가 높게 있어 남서쪽으로 집터를 잡아 시원한 풍경을 바라보고 싶었지만, 집터가 좁고 마당 쓰기가 좋지 않아 그렇게 하지 못했다. 집터가 그리 좋아 보이지 않았다. 설상가상 얼마 뒤에 집 앞 산등성이도 전원주택 단지가 되어 높은 옹벽을 쌓게 되었다.

그래서 집터는 아주 오랜 시간 동안 살펴보고 둘러보고 구해야 한다. 봄, 여름보다는 겨울에 집터를 살펴보는 게 좋다. 꽃향기 봄빛에 취하거나, 푸른 숲이 울창하면 집터를 제대로 살펴보기 힘들기 때문이다.

● **식구들이 쓸 공간 궁리하기**   집주인은 귀농 단체에서 김진호 대목을 만나 인연을 맺었다. 두 사람은 집 크기와 모양, 방 위치와 크기를 아주 자세히 의논했다. 이렇게 집 지을 이와 집 짓는 이가 서로 이야기를 많이 하고 의논할 수 있다면 좋은 집을 짓는 데 크게 도움이 된다. 집 지을 계획이 편안해져 집을 순조롭게 지을 수 있다.

이 집은 우리가 2013년에 강원도 횡성에 지은 집을 참고했다. 양평 집은 안방을 앞으로 크게 내밀어 ㄱ자집으로 짓기로 했다.

집주인 식구는 두 아들까지 네 사람이다. 그래서 방을 세 개로 하기로 했다. 식구가 더 단출해도 방이 세 개면 좋다. 여기에 화장실이 두 곳이면 여러모로 편하다. 안방에 이웃해 화장실을 두고, 여러 사람이 함께 쓸 수 있도록 거실에 이웃해 화장실을 둔다. 부엌을 거실과 함께 쓰면 방 개수를 늘릴 수 있다. 물론 부엌을 따로 둘 수도 있다. 그리고 집안 구석진 곳에

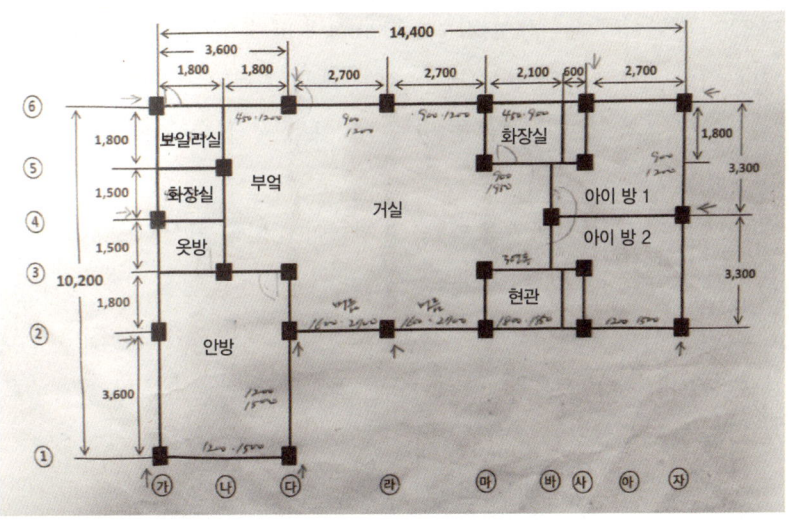

양평 도장리 집 평면도.

누워서 꿈꾸는 집 37

양평 도장리 집은 거실을 넓게 만들었다.   부엌이 어두워 거실 뒷문에 유리를 끼워 빛을 들였다.

다용도실과 세탁실을 따로 두면 좋다. 부엌 위로 천정을 만들고 다락을 두면 철 따라 쓰는 물건이나 제수용품 따위를 둘 수 있어 좋다.

　양평 집은 **거실**을 가운데 두었다. 거실 앞쪽으로 크게 창을 내어 바깥을 훤히 볼 수 있도록 하고 뒤쪽으로도 작은 창을 냈다. 덕분에 바람이 잘 통해서 선풍기 없이 여름을 난다고 한다. 주인 양반은 거실을 식구들이 함께 쓰는 공간이라 생각해서 가로 5400mm에 세로 6600mm로 크게 만들었다. 거실을 크게 했더니 식구들이 잠잘 때 말고 거의 거실에서 지낸다고 한다. 누구는 책을 보고, 누구는 티브이를 보고, 누구는 뛰어놀고. 공동 공간이 넓어 좋단다.

　부엌은 거실 서북쪽에 두었다. 방을 만들어 부엌과 거실을 구분하고 싶은 생각도 있었다. 하지만 부엌을 거실 한쪽에 두면 거실을 넓게 쓸 수 있다. 부엌 크기는 4800mm에 1800mm으로 했고, 열두 자(3.6m) 길이 싱크대를 놓았다. 싱크대 왼편에는 냉장고와 그릇 수납장을 두었다. 오른편으로 작은 창을 두었지만 부엌이 어두웠다. 그래서 이웃해 있는 거실 뒷문을 유리를 끼운 철문으로 달아 빛이 통하도록 했다.

　안방은 부부 방으로 가로 3600mm, 세로 5400mm으로 제법 크게 만들었다. 붙박이장을 두려고 생각해서였다. 천장도 높게 잡아 붙박이장이 있는 종이반자 쪽은 2480mm로 잡았고, 고미반자 쪽은 2650mm로 했다. 남동쪽과 남서쪽으로 큰 창을 두어 빛과 바람이 잘 들 수 있게 했다. 안방에는 딸린 화장실을 두었다. 처음에는 보일러실, 화장실, 옷방을 둘까 했는데 화장실이 너무 좁아서 불편할 것 같았다. 그래서 보일러실을 조금 늘이고 옷방을 없애 화장실을 크게 했다. 그리고 화장실과 붙박이장 사이에 작은 화장대를 놓아 옷방을 대신했다.

아이들 방은 동쪽으로 두 개를 두었다. 방 크기를 3300mm에 3300mm으로 해 책상과 작은 책장을 넣도록 했다. 다만 집 앞쪽에 있는 두 번째 아이 방은 창을 남쪽으로 냈는데, 빛을 받기에는 좋았지만 바람이 잘 통하지 않았다. 나중에 가서 보니 붙박이장과 도배지에 곰팡이가 조금 슬어 있다. 이 집터에 바람길이 골짜기가 길게 나 있는 동서쪽으로 있으니 창을 동쪽에 두었어야 했다. 빛을 받아들이는 것도 중요하지만 바람을 잘 통할 수 있게 하는 것도 아주 중요하다는 것을 다시금 새길 수 있었다.

욕실 크기는 작아도 1200mm에 1700mm 정도는 되어야 하고, 1700mm에 2100mm 정도는 되어야 편히 쓸 수 있다. 집에 아픈 식구가 있다면 욕실은 더 커져서 2000mm에 2400mm 정도 되어야 한다.

양평 집 **화장실**은 처음에 1800mm에 3000mm로 계획했다. 하지만 벽면 전체를 통으로 감싸는 H회사 시스템 욕실을 주문하는 바람에 크기가 많이 줄어서 실제 크기는 1510mm에 2730mm가 되었다. 게다가 화장실에 세탁기를 들였다. 이렇게 화장실 공간을 완전히 싸 바르는 공법은 추천하고 싶지 않다. 화장실에 세탁기를 두는 것도 좋지 않다. 화장실이 좁아지기도 하고 깨끗하게 쓰기에도 좋지 않다.

한옥에도 창고나 수납공간이 꼭 필요하다. 한옥 천장을 반자로 처리하면서 덤으로 얻을 수 있는 것이 바로 **다락**이다.
이렇게 생긴 다락을 아이들 놀이방이나 창고
로 쓰면 아주 좋다. 양평 집도 아이들 방으로
들어가는 입구 쪽 천장을 고미반자로 만들고,
그 위에 다락을 만들었다. 처음에는 아이들 놀
이방으로 쓰려 했는데 집을 다 짓고 이삿짐을
부려 보았더니 자연스레 창고가 되었다고 한
다. 집주인은, 부엌 천장 위도 다락으로 꾸몄
으면 더 좋았겠다며 조금 아쉬워한다.

다락으로 오르는 접이식 계단. 필요
할 때만 쓰는 계단이라 공간을 차지
하지 않는다.

●

춥지 않은 한옥을 위한 단열 계획   이 집은 방 천장을 모두 고미반
자로 했다. 고미반자로 천장을 꾸미면 방에 누웠을 때 아름다운 나뭇결을
볼 수 있다. 방들을 모두 고미반자로 천장을 만들고 문간 천장은 우물반자
로 했다.

 방 천장을 모두 고미반자로 만들면서 우리는 단열에 많은 신경을 썼다.
온돌로 방바닥을 따뜻하게 데워 놓아도 천장으로 많은 열이 빠져나간다.
그래서 고미반자 위로 단열재를 깔기로 했다. 화장실 종이반자 위로도 단
열재를 깔고, 천장을 확 열어 서까래를 보이도록 한 거실에는 서까래를 덮
은 개판 위에 단열재를 깔았다.

 지붕 단열만큼 중요한 것이 벽체 단열이다. 그래서 벽체에 공기층을 두
기로 했다. 집주인이 흙벽을 바랐기 때문에, 우리는 손가락 세 마디 정도
폭으로 나무틀을 짜고 부직포로 감싼 다음 그 안에 왕겨숯을 넣었다. 이
왕겨숯 틀을 벽체 중간에 짜 넣고 안팎으로 흙 미장을 한 다음 회벽으로

안방 천정 고미반자

문간 천정 우물반자

아이 방 고미반자 위로 스티로폼을 덮었다.

거실 위쪽 지붕에는 단열재를 깔고, 합판을 덮었다.

벽체 단열을 위해 나무틀을 짜고 왕겨숯을 넣었다.

벽체에 왕겨숯 틀을 고정했다.

마감했다. 작은 왕겨 사이사이에는 수많은 공기층이 있어 단열 효과가 좋다. 숯으로 만들어 넣었으니 곰팡이도 덜 생긴다. 한 해 전에 횡성 현장에서 이렇게 해 보았는데, 겨울에 집이 정말 따뜻했다. 그런데 한 가지 단점이 있다. 왕겨 속으로 쥐가 파고들기도 하고, 벌레가 타기도 한다. 그래서 다른 집을 지을 때, 왕겨 대신 인공 토양을, 부직포 대신 알루미늄 철망을 썼더니 더 좋게 되었다.

●

전기와 조명 준비 전기 공사는 평당, 또는 배선 길이에 따라 견적을 내어 전기업자에게 맡기는 것이 보통이다. 이때 언제, 어떤 공사를 할 것인지 미리 얘기해서 바라는 날에 전기 공사를 할 수 있도록 약속을 해 두어야 한다. 그리고 전기 공사 범위를 분명히 정해야 한다. 양평 집은 평당 12만원으로 전기 공사를 맡겼다. 평균 단가(2014년 기준 평당 10만원)보다 비싼 데다가 우리가 원할 때 전기 공사를 할 수 없었다. 게다가 공사 범위를 분명히 정하지 않아 조명등을 다는 데 돈을 더 내야 했다.

집 지을 계획이 있다면 미리 조명등을 어떤 걸 어떻게 달 것인지 생각하고 살펴보는 것이 좋다. 그래야 조명등을 다는 데 필요한 전기 배선 작업을 원하는 대로 할 수 있기 때문이다. 우리는 양평 집 현관 위 우물반자 칸마다 작은 엘이디(LED)전구를 넣으려고 했었다. 하지만 계획대로 하지 못하고 결국 보통 조명등을 달게 되었다.

조명등과 스위치 자리도 미리 정해 둬야 한다. 세세하게는 가전제품과 가구 자리까지 미리 계획해 콘센트 자리를 정하면 더할 나위 없겠다. 그래야 전기 공사 하는 이에게 조명, 스위치와 콘센트 자리를 알려줄 수 있다. 이런 것들을 생각해 두지 않으면 집안에 어두운 공간이 생기고, 스위치가 문 뒤에 숨거나 전기 콘센트가 가구에 가려져 쓰지 못하게 되기도 한다.

●

좋은 집을 그려 보자 집을 지을 준비를 하면서 계획을 꼼꼼하게 세워야 한다. 방은 몇 개, 크기는 어떻게, 욕실은 어떤 모습으로, 부엌 싱크대는 어떤 제품으로 할지만 계획한다면 좀 부족하다. 난방은 어떻게 할 것인가? 구들방을 만들 것인가, 말 것인가? 흙벽을 만들지, 건식 난방을 할지, 가구는 어디에 둘지 생각해 보자. 그래야 방 크기, 방음 문제, 난방 문제, 전기 콘센트 자리 문제 들을 손쉽게 풀 수 있다. 긴 밤 방에 누워 잠자기 전 새로 지은 집을 떠올릴 때 행복한 그림도 그리면서 그 안에서 사는 모습도 그려 보면 도움이 많이 된다.

아무리 계획을 잘 세운다 해도 계획대로 다 되지는 않는다. 하지만 집 지을 계획을 꼼꼼히 잘 세우면 시간도 아끼고, 비용도 덜 든다. 그리고 집을 더 튼튼하게, 더 살기 편하게 지을 수 있다. 중요한 것은 좋은 집에 대해 오래 생각하고 계획하는 것이다.

집터를 구할 때
꼭 따져 보자

첫째, 집터를 둘러싼 산세가 편안해야 한다. 집터를 알아볼 때 꽃 피는 봄이나 뜨거운 여름이 아니라, 추운 겨울날 살피는 것이 좋다. 집터에 서서 편안하고 따뜻한 느낌이 드는지 보자.

둘째, 집터 모양이 네모반듯해야 한다. 한옥은 어떤 집이든 길쭉하게 네모지다. 집터가 네모지지 않으면 원하지 않는 방향으로 틀어서 집을 짓게 되기도 한다. 집터를 틀면 경치도, 햇볕도, 바람도 제대로 맛볼 수 없다.

셋째, 좋은 물을 구할 수 있는지 살펴야 한다. 기왕이면 상수도 시설도 하면서 그 대안으로 물을 끌어 쓸 수 있는 곳에 집을 짓는 게 좋다. 물을 소중히 생각하는 어떤 이는 맑은 도랑물을 끌어와서 집 뒤에 땅을 파고 큰 물통을 묻어 그 안에 자갈, 모래, 숯을 차례대로 깔고 물을 받아 마시는 데 그 물맛이 기막히다고 한다.

넷째, 남쪽이 낮은 터에 마당을 두도록 한다. 북향을 피하라는 것이다. 남쪽으로 향한 집터 기울기가 1/10 이하면 땅을 돋우고 비탈진 곳을 파헤치지 않아 공사비도 아낄 수 있다. 땅을 돋우면 진창이 생기고 비탈을 깎으면 물이 생긴다. 물 빠짐이 좋지 않으면 비가 올 때마다 기분을 상하게 되고 관절염에 두통까지 몰고 올 수 있다.

다섯째, 아무리 좋은 땅이라도 차가 다닐 수 있는 길이 나 있어야 한다. 또 길을 쉽게 낼 수 있는지, 그 길을 쓸 수 있는지도 살펴야 한다. 그지없이 좋은 터에 집을 지었지만 길 문제가 해결되지 않아 결국 그 집에 살 수 없게 된 경우도 보았고, 집 지을 땅을 목돈으로 샀는데 길을 낼 수 없어 집을 짓지 못하는 경우도 보았다.

여섯째, 여유가 있다면 주차장, 마당, 뒤뜰, 그리고 찜질방이나 작업실도 꾸미면 좋다. 집은 먹고, 자고, 몸을 편안히 하는 쉼터지만 더 나아가 취미 생활을 하고 건강을 키워 가는 곳이기도 하다.

일곱째, 바람과 햇볕을 얼마나 잘 받을 수 있는지 살펴야 한다. 바람과 볕을 맘껏 누리려면 동쪽과 남쪽으로 문을 내고 창을 크게 열면 된다. 북쪽은 바람이 통하거나 빛을 받는 데 꼭 필요한 정도로 창을 작게 내고 문은 될 수 있으면 내지 않는 것이 좋다. 서쪽과 서북쪽은 문을 내지 말고 통풍과 채광에 필요한 적당한 창을 달고, 강한 저녁볕이나 심한 바람을 막도록 나무를 심기도 한다. 그리고 집터에 서서 아침저녁으로 바람이 부는 방향을 살피는 게 좋다. 바람길에 따라 창을 내거나 말거나 해야 한다.

마지막으로 도심지에 옛집을 사서 고치거나 새로 지을 때는, 공사 전 경계측량부터 한 뒤에 집 평면 설계를 해야 한다. 자칫 경계를 침범하면 공사 중 큰 곤란을 겪게 된다. 설계 사무소에 설계를 맡기는 경우에는 설계 사무소에 조언을 구해 민원이 생기거나 불법 건축이 되지 않도록 조심하자.

바닥을
단단하게 마련한다

●

기초 공사
주춧돌

기초 공사

터 닦기와 기단 만들기 새로 지을 집 설계를 마치면 건축 허가나 신고를 하고, 집터에 기초 공사를 해야 한다. **기초 공사**란 집 크기와 집이 앉을 방향에 맞춰 터를 닦고 다진다는 뜻이다. 터를 튼실하게 다져야 집이 내려앉는 것을 막을 수 있다. 이렇게 다진 기초 위에 기단을 만든다. **기단**은 돌과 흙, 콘크리트 따위로 집터를 마당보다 높인 것이다. 기단이 맨땅보다 높으면, 땅에서 습기가 올라오지 않고 빗물이 집으로 들이치지 않는다.

기단은 집을 둘러 다니는 복도이기도 하고, 비와 강한 햇빛을 피할 수 있는 기막힌 공간이기도 하다. 기단은 지붕 빗물이 떨어지는 처마보다 조금 안쪽에 있도록 폭을 정해 만든다. 이렇게 하면 비 오는 날에도 비를 맞지 않고 집 둘레를 지나다닐 수 있다.

기단에 수촛돌을 놓고 주춧돌 위에 기둥을 세운다. 기단을 고른 높이로 마련하면 주춧돌 놓기도 한결 쉬워진다. 기초 공사를 할 때 상하수도 배관, 정화조와 보일러 자리를 정하고 통신과 전기 배선 자리도 미리 정해 두어야 한다.

예전에는 땅이 생긴 모습 그대로 기단을 만들었다. 비탈진 땅을 평평하게 깎아 내거나 억지로 쌓아 올리지 않았다. 기단을 높거나 낮게 만들기도

비탈진 땅을 굳이 평평하게 하지 않고, 기단 앞쪽을 높게 뒤쪽은 낮게 만들었다. _양동 마을 강학당

하고 다락기둥을 세우기도 하면서, 집터 생김새나 집 쓰임새에 따라 높낮이를 다르게 만들었다.

예전에는 집터 땅을 생땅이 나올 때까지 파고 돌을 집어넣거나 모래를 넣고 물을 부어 다졌다. 요즘 한옥 기초 공사는 대부분 철근을 엮고 콘크리트를 부어 기단을 만든다. 이렇게 하면 시간과 비용을 많이 줄일 수 있다.

●

독립 기초   **독립 기초**는 기둥을 세울 주춧돌 자리만 철근을 엮고 콘크리트를 부어 굳히는 방법이다. 보통 주춧돌 너비의 1.5배보다 크게 기초를 만든다. 따라서 독립 기초는 네모꼴로 너비 550mm에서 900mm, 전체 높이 900mm에서 1200mm 정도면 충분하다. 독립 기초는 땅 위로 도드라지지 않게 만든 다음 두께 150mm 정도 허드레 돌로 다짐을 한다. 그 위

독립 기초로 기둥 자리에만 기초를 했다. 기둥 사이 거리가 좁은 곳은 묶어서 통으로 기초를 만들었다. _청도 대비사 현장

로 두께 100mm 정도로 강회 다짐을 하면 깔끔한 기단이 된다. 문화재 공사를 할 때 이렇게 많이 하는데 원형 유지를 위해 기단을 굳이 높이지 않기 때문이다. 집터 둘레로 배수로가 잘 되어 있다면 독립 기초를 하고 조금 낮은 기단을 만들어도 괜찮다.

●

통기초　**통기초**는 '온기초'라고도 하는데, 집이 들어서는 자리 전체에 철근을 엮고 콘크리트를 부어 만드는 방법이다. 독립 기초는 땅 밑에 숨는 경우가 많아 주춧돌을 높이 써야 하지만 통기초에는 주춧돌을 높이 쓰지

통기초 위에 다듬 주춧돌을 세워 놓았다.

바닥을 단단하게 마련한다　51

않아도 된다. 통기초는 집 바깥 기둥 중심에서 바깥쪽으로 세 자(900mm) 정도 넓게 만든다. 마당에 내려서지 않은 채 집 둘레를 다닐 수 있도록 하기 위해서다. 통기초 높이는 땅에서 300mm에서 600mm 정도로 한다. 땅 아래로는 200mm에서 300mm 정도면 넉넉하다.

●

줄기초 줄기초는 기둥이 서는 자리를 닫힌회로처럼 한 줄로 이어 붙여 기초를 만드는 방법이다. 유로폼*이나 형틀을 놓고 안에 철근을 엮은 다음 콘크리트를 부어 만든다. 유로폼이나 형틀을 놓는 데 적지 않은 일손이 필요하다. 줄기초는 통기초나 독립 기초와 함께 쓰기도 한다. 독립 기초에서 기둥 사이가 좁아서 여섯 자가 안 될 때는 기둥 사이를 줄기초로 하면 편하다. 구들방 부분만 줄기초를 하기도 한다.

줄기초 폭은 500mm에서 600mm 정도로 해 주춧돌을 넉넉히 놓을 수 있도록 한다. 높이는 땅보다 300mm 넘게 올라오도록 하고 땅 아래로 적어도 500mm에서 600mm 정도 묻히도록 한다. 이때 주춧돌은 높은 것

구들방 부분만 줄기초를 했다. _영주 남대리 현장

(270mm 이상)을 써서 땅에서 올라오는 습기를 막는다.

콘크리트 기초 작업은 온도 5도에서 35도 사이로 하고, 콘크리트를 부어넣고 나면 축축한 상태를 유지해 콘크리트가 단단히 굳도록 한다. 적어도 닷새 넘게 굳히는 것이 좋다.

●

습기를 막아야 한다   한옥이든 양옥이든 또는 옛집이든 새집이든 집에 곰팡이가 피거나 나무 기둥이 썩는 것은 습기 때문이다. 습기는 지붕이 새거나 벽에 금이 가도 생기고 바람이 통하지 않아도 생기지만, 기초 공사를 야무지게 하지 않아 생기는 경우가 가장 많다. 이 습기로부터 집을 지키는 방법이 있다.

기초 공사를 할 때 집터 전체를 생땅이 나올 때까지 파고 흙, 모래, 생석회를 섞어 넣고 다지면 집터가 아주 단단해지고 습기도 막을 수 있다. 돈이 많이 드는 것이 문제라면 집터 바깥쪽만이라도 둘러 가며 땅을 파고 흙, 모래, 생석회를 섞어 넣고 다지면 된다. 콘크리트로 기초 공사를 할 때도 비닐을 깔고 콘크리트를 부어 넣는 것이 좋다. 단열재를 한 벌 깔고 그 위에 비닐을 깔기도 한다.

집터 둘레에 배수로를 꼭 마련해야 한다. 배수로는 처마에서 빗물이 떨어지는 곳에 땅을 파서 마련하고 마당 밖으로 기울이지게 해 빗물이 흘러 배수로로 모이도록 한다. 배수로는 집터를 한 바퀴 두르도록 만들고 앞마당을 지나지 않고 바깥으로 빠져나가도록 만든다.

* '유로폼(Euro Form)'은 철근 콘크리트 구조에서 쓰는 거푸집이다. 간편하고 빠르게 거푸집을 만들 수 있다.

경북 영주시 남대리 현장
기초 공사

몇 해 전 경북 영주시에 지은 집 기초 공사를 어떻게 했는지 살펴보자. 이 집은 남서쪽을 바라보도록 집터를 잡았다. 집터를 정하고 먼저 중장비를 써서 터를 파고, 흙을 돋우고, 터를 다졌다. 이때 상하수도 관을 묻는 작업을 함께 했다. 집터를 다 다지고 나서 집 바깥벽을 따라 유로폼을 놓았다. 기초 대부분을 통기초로 했지만 구들을 놓을 곳은 줄기초로 했다.

유로폼을 다 대고 나서 땅바닥에 비닐을 깔았다. 비닐은 땅에서 올라오는 습기를 막아 콘크리트가 빨리 잘 굳을 수 있도록 도와준다.

비닐을 깔고 난 뒤 철근을 엮었다. 철근을 다 엮고 콘크리트를 기초 자리에 부어 정해 둔 높이까지 채웠다. 그리고 일주일 정도 굳힌 다음 유로폼을 떼어냈다.

기초 위에 주춧돌 놓을 자리를 먹선으로 표시하고 기초 공사를 마무리했다.

중장비를 써서 터를 닦고 있다.

콘크리트를 붓기 전에 먼저 유로폼을 댔다.

비닐을 깐 뒤 철근을 엮고 있다.

콘크리트가 굳은 다음에 거푸집인 유로폼을 떼어냈다.

기초에 먹을 치고 주춧돌을 놓았다.

주춧돌

● **주춧돌은 기둥을 받친다**   기초 공사를 마무리하면 기둥을 세우기 위해 **주춧돌**을 놓아야 한다. 주춧돌은 기둥을 받치는 돌이다. 지붕 무게를 기둥이 받아서 주춧돌을 통해 땅으로 전달한다. 그래서 주춧돌로 쓸 돌은 갈라지지 않아야 하고 단단해야 한다. 주춧돌로 마땅한 돌을 구할 수 없다면 다듬 주춧돌을 써도 좋다. 주춧돌은 기단처럼 땅에서 올라오는 습기나 빗물 때문에 기둥이 썩는 것을 막는 역할도 한다. 주춧돌을 '주초'나 '초석'이라고도 한다.

● **자연 주춧돌과 다듬 주춧돌**   **자연 주춧돌**은 '덤벙초석', '막돌초석'이라고도 하며 주로 화강암을 쓴다. 주춧돌로 쓸 돌은 생김새와 상태를 잘 살펴 골라야 한다. 울퉁불퉁하지 않고 넓적하게 생긴 것이 좋다. 또 윗면은 둥글게 약간 도독하고 아랫면은 평평한 것이 좋다. 산이나 강가에서 구할 수 있는 돌로 갈라지거나 부스러지지 않는 돌이 좋다. 너비는 기둥 굵기의 두 배보다 넓고, 높이는 너비의 절반보다 높으면 충분하다. 귀기둥을 받칠 주춧돌은 다른 주춧돌보다 좀 더 큰 것을 고르고, 윗면이 좀 거칠어도 괜찮다.

둥근 다듬 주춧돌이 원기둥을 받치고 있다. 아랫면이 윗면보다 너비가 넓다. _성읍 민속마을 객사 성루

바위를 그대로 주춧돌로 썼다. _삼척 죽서루

다듬 주춧돌 가운데 홈을 파서 철심을 박기도 한다. 이때는 기둥에도 홈을 파서 철심이 꽂히도록 해 주춧돌 위 기둥이 미끄러지지 않도록 한다. _영주 남대리 현장

바닥을 단단하게 마련한다 57

주춧돌 사이에 벽돌을 쌓아 벽체 아래를 마감할 때는(이렇게 하는 것을 현장에서는 '고막이'라고 한다.) 자연 주춧돌을 피하는 것이 좋다. 자연 주춧돌을 벽돌로 보기 좋게 마감하기가 쉽지 않다. 주춧돌 사이를 마감하지 않는 다락집이나 다락마루 기둥에 자연 주춧돌을 쓰면 좋다.

다듬 주춧돌은 큰 돌을 다듬어 만드는데, 화강암을 많이 쓴다. 원기둥에는 둥근 주춧돌을, 네모기둥에는 네모난 주춧돌을 쓴다. 주춧돌 윗부분 너비는 기둥 지름보다 60mm에서 90mm 정도 크게, 아랫면 너비는 윗면과 같게 하거나 윗면의 1.2배로 한다. 높이는 270mm보다 높으면 무난하다. 다듬 주춧돌을 공장에 주문할 때는 자세하게 그림을 그리고 치수를 적어 주어야 하고, 윗면은 매끄럽지 않게 다듬 처리(잔다듬)를 해 달라고 해야 한다.

●

주춧돌 놓기

1) 기초 위에 먹을 쳐서 주춧돌 놓을 자리를 표시한다.
2) 주춧돌에 임시로 십자 먹을 긋고 주춧돌 놓을 자리에 옮겨 놓는다. 자연 주춧돌은 반듯하게 생긴 쪽을 바깥쪽으로, 가운데가 살짝 올라온 쪽을 위로 둔다. 대체로 잘생긴 주춧돌을 앞쪽 기둥에 쓰고 크고 튼실한 주춧돌을 귀기둥 쪽에 놓는다.
3) 주춧돌 중심에서 바깥쪽으로 각재를 두 개씩 박는다. 이 각재가 규준틀이 된다. 규준틀은 주춧돌 자리와 높이를 표시하는 나무틀이다.
4) 주춧돌 옆 각재에 기둥 바닥 높이를 표시한다. 물 호스나 레벨기를 쓰면 높이를 같게 맞출 수 있다.
5) 이 표시 선에 튼튼한 실을 가로세로 십자(+)꼴이 되게 팽팽히 달아맨다. 이렇게 실을 매는 것을 '실을 띄운다'고 한다.

주춧돌에 십자 먹을 쳤다.

주춧돌 옆에 규준틀이 되는 각재를 박아 댔다.

주춧돌에 십자꼴로 실을 띄웠다.

주춧돌을 놓고 새로 십자먹을 쳤다. _영주 남대리 현장

6) 주춧돌 임시 십자 먹과 실에 있는 십자 부분이 겹치도록 주춧돌을 놓는다. 이때는 굄돌이나 쐐기를 써서 맞춘다. 다듬 주춧돌은 수평실 아래에 15mm 이내로 놓고, 자연 주춧돌은 기둥 자리가 평평하지 않기 때문에 실에 더 가까이 놓는다.

7) 주춧돌을 놓은 뒤 주춧돌과 기조 사이에 있는 틈새에 시멘트 반죽, 자갈이나 돌 따위로 빈틈없이 채워 넣고 주춧돌 윗면을 깨끗이 청소한다.

8) 마지막으로 주춧돌에 십자 먹을 한 번 더 놓는다. 앞서 수평실에 주춧돌 십자 먹을 세심하게 맞춰 놓았지만 수평실 자체에 오차도 있고 수평실에 주춧돌을 맞추면서 오차가 생기기 마련이다. 주춧돌에 새로 십자 먹을 치는 게 좋다.

집 뼈대를 세운다

기둥
창방
보아지
주두와 소로
보
동자기둥과 대공
도리

기둥

기둥은 허리뼈다 기초 바닥에 주춧돌을 놓고 나면 이제 집 뼈대를 만들어 나갈 차례다. 이때 가장 먼저 **기둥**을 주춧돌 위에 세운다. 기둥이 바로 서야 집이 바로 설 수 있다. 기둥을 세우는 일은 그 집 수명을 좌우할 정도로 중요하다. 집도 오래되면 늙어 간다. 늙은이 허리가 굽듯이 집도 옆으로 앞뒤로 기울어지는 것이다. 기둥이 올곧게 서 있으면 집이 기울어지지 않는다. 기둥을 세우면서 목수들이 나무 일을 시작한다. 그래서 첫 기둥을 세우고, 나무 일을 끝까지 아무 탈 없이 마무리하기를 바라며 입주식을 지낸다. (22쪽에 나온다.)

 주춧돌 위에 기둥을 세우고, 보와 도리를 기둥머리에 짜맞추면 집 기본 뼈대가 된다. 보와 도리는 지붕 무게를 받아 기둥에 전하므로 기둥이야말로 집을 지탱하는 뼈대 가운데 가장 중요한 허리뼈인 셈이다.

 큰 건물에는 큰 기둥을 쓰고 작은 집에는 작은 기둥을 쓴다. 그래서 기둥 크기를 보면 그 집이 얼마나 큰지를 알 수 있다. 집 크기에 따라 기둥을 몇 개나 세울지 정하고, 기둥과 기둥 사이 거리에 따라 기둥 굵기와 길이를 정한다. 그래야 집을 튼튼하게 지을 수 있다.

원기둥은 큰 건물에 많이 쓴다. _나주 향교 대성전

자연 주춧돌 위에 네모기둥을 세웠다. _서울 필운동 현장

나무를 깎지 않고 휘어진 모습 그대로 기둥으로 세웠다.
_개심사 요사채

●

여러 가지 기둥 기둥은 자른 면 모양에 따라 **네모기둥**과 **원기둥**으로 나눈다.

네모기둥은 '사각기둥', '방주'라고도 하고, 원기둥은 '두리기둥'이라고도 한다. 살림집에는 보통 네모기둥을 쓰고 관청이나 궁궐, 절, 큰 집에 원기둥을 많이 쓴다. 정자에는 기둥 수에 맞춰 육각정은 육각기둥을, 사모정은 사각기둥을 쓰기도 한다. 요즘에는 제재기술이 발달해 보통 살림집에도 원기둥을 많이들 쓴다.

기둥은 세워 놓은 모양새에 따라 나누기도 하는데 원목 기둥, 흘림 없는 기둥, 민흘림기둥, 배흘림기둥이 있다.

나무를 깎고 다듬지 않고 가지를 치고 껍질만 벗긴 채 그대로 기둥으로 쓴 것들이 있다. **원목 기둥**이라고 하는데, 오래된 절 다락집이나 요사채, 대웅전, 극락전 들에 많이 썼다. 살림집에서는 헛간이나 원두막 같은 데 많이 썼다.

흘림 없는 기둥은 기둥 윗부분과 아랫부분, 가운뎃부분 크기가 같은 기둥이다. 수직선 두 개가 나란히 있으면 가운데가 들어가 보인다. 흘림 없는 기둥은 이런 착시 현상을 생각하지 않고 만들기 때문에 안정감이 떨어져

흘림 없는 기둥   민흘림 기둥   배흘림 기둥

집 뼈대를 세운다

보인다. 그래서 보통 살림집이나 작은 건물처럼 기둥을 높게 쓸 필요 없는 집에 쓴다.

민흘림기둥은 기둥 아랫부분에서 윗부분으로 갈수록 크기를 줄여서 안정되어 보이는 기둥이다. 옛 살림집 네모기둥이나 원기둥도 민흘림기둥으로 많이 세웠다.

배흘림기둥은 기둥 윗부분, 가운뎃부분, 아랫부분 지름을 모두 다르게 만든 기둥이다. 윗부분 지름이 가장 작고, 가운뎃부분(기둥 전체 높이에서 바닥에서 3분의 1 정도 되는 부분) 지름이 가장 크고, 아랫부분 지름은 윗부분보다 크다. 우리 나라 오래된 절에 가면 배흘림기둥을 볼 수 있다. 부석사 무량수전 기둥이 배흘림기둥이다.

기둥은 또 세우는 자리에 따라 나누기도 한다.

'외진주'라고도 하는 **바깥 기둥**은 집 바깥 둘레 선을 잇는 기둥을 말한다. 이 바깥 기둥 가운데 모서리에 세우는 기둥을 **귀기둥**, '우주'라고 하고 안쪽 모서리에 세우는 기둥을 **회첨기둥**, 나머지 기둥들을 **평기둥**이라고 한다.

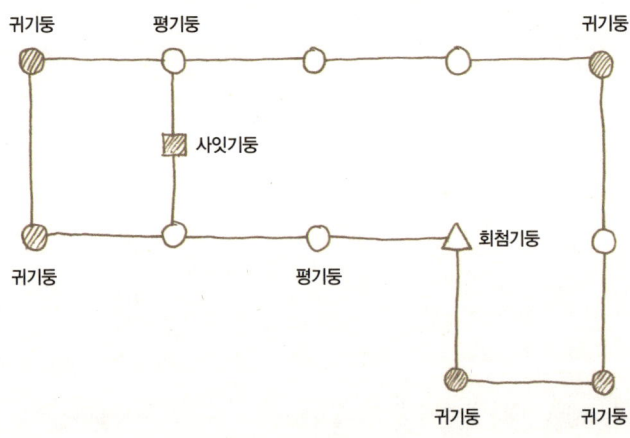

바깥쪽에 평기둥이 있고 안쪽에 높은기둥이 보인다. 대들보 위에 동자기둥을 세우고 마룻보를 걸었다. _남산골 한옥마을 김춘영 가옥

'내진주'라고 하는 내부 기둥은 툇간을 만들거나 공간을 나누거나 지붕 무게를 잘 나눠 받기 위해 세우는 기둥들이다. 툇간 쪽에 세우고 평기둥보다 키가 커서 기둥머리에 바로 마룻보를 받는 기둥을 **높은기둥**, 또는 '고주'라고 한다. 집안 공간을 나누는 벽체를 만들거나 문을 달기 위해 세우는 기둥을 **사잇기둥**, 또는 '샛기둥', '간주'라고 한다. 요즘에는 공간을 나누려고 많이 쓰고 있다.

대들보 위에 세워 마룻보나 도리를 받는 짧은 기둥을 **동자기둥**, 또는 '동자주', '동바리'라고 한다. (동자기둥에 관해서는 111쪽에 자세히 나온다.) 대청마루나 쪽마루 아래 마루가 울렁대지 않도록 받치는 짧은 나무토막도 동바리라고 한다. 또 다락집이나 사랑채 다락마루처럼 마당에서 높이 있는 마루 아래에도 기둥을 세우는데 이 기둥을 '누하주'라고 한다. 누하주는

집 뼈대를 세운다

쪽마루 아래에도 작은 기둥을 받친다. 이 기둥을 동바리라고 한다.
_광주 안씨 종갓집 현장

나무 대신 돌로 만들어 세우기도 한다.

●

기둥 높이   기둥 높이는 지붕 높이와 비율을 맞춰 정한다. 집은 전체로 보는 비율이 중요하며, 지붕 곡선이 아름다운 한옥을 지을 때는 이 비율에 특히 세심하게 신경을 쓴다.

잘생긴 옛 살림집들을 살펴보면, 기둥과 지붕 높이는 거의 1대 1 정도가 된다. 지붕 물매는 7치에서 8치 사이다. 집 앞이나 뒤로 툇간을 두었을 때는 폭이 늘어나므로 지붕 물매는 줄어든다. 이 집들은 기둥 높이를 여덟 자 정도로 하고 아홉 자를 넘지 않았다.●

기둥 높이를 정할 때, 방 높이를 얼마로 할지 정해야 한다. 보통 아파트에서는 방바닥에서 천장까지 높이를 2300mm로 하고, 요즘 짓는 아파트는 2400mm로 하고 있다. 자세한 공식을 대입해 보는 것도 좋겠다. 사람

● 한옥에서 간사이나 길이를 재는 단위로 '자(척尺)'을 쓴다. 한 자는 300mm쯤이다. 한 자는 열 치(촌寸)이고, 한 치는 열 푼(分)이다. 지금은 미터법을 쓰지만 한옥 현장에서는 아직도 '자'와 '치', '푼'을 많이 쓰고 있다.

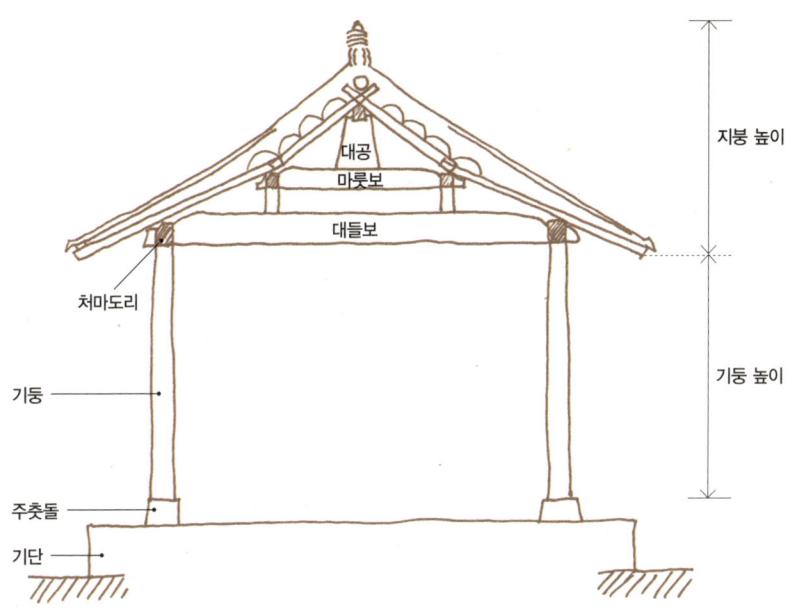

단위 mm

지역	집 이름	지붕 높이 (h1)	기둥 높이 (h2)	비율 (h1 : h2)
서울	박영효 가옥 안채	3290	2450	1.3
	박영효 가옥 사랑채	2630	2420	1.1
경기	양주 백수현 가옥 안채	2245	2370	0.9
강원	강릉 선교장 안채	2690	2540	1.1
	강릉 선교장 열화당	2915	2647	1.1
충북	괴산 김기응 가옥 안채	2110	2430	0.9
충남	윤증 고택 안채	2840	2440	1.2
	윤증 고택 사랑채	2565	2375	1.1
	보은 선병국 가옥 사랑채	2650	2940	0.9
전북	정읍 김동수 가옥 사랑채	2770	2650	1.0
경북	양동 마을 무첨당	2599	2374	1.1
경남	정온 선생 가옥 안채	3430	2920	1.2
제주	성읍 한봉일 가옥	1670	1730	1.0

이 손을 뻗어 올린 높이는 키의 1.2배가 된다. 여기서 한 자 정도 높인 것을 천정 높이로 한다.

천장 높이 = 사람 키 × 1.2 + 300mm

키가 174cm(한국 남성 평균 키)면 천정 높이는 2390mm 정도로 한다. 키를 180cm로 잡으면 천정 높이는 2460mm가 된다.

1970년대 이전에 시골에서 나고 자란 사람이라면 옛집 천정이 매우 낮았다는 걸 떠올릴 수 있다. 예전에는 천장이 높을 필요가 없었다. 목재 구하기가 어려워 집을 크게 짓지 않았고, 그래서 겨울에 아궁이 불을 때어 난방 하기에도 좋았다. 아늑한 맛을 즐기실 분들은 굳이 천정 높이를 2400mm까지 할 필요가 없다.

천장 높이를 정하면 기둥 높이를 가늠할 수 있다. 천장을 만들기 위한 반자틀은 보통 도리 중간쯤에 만드는데 이 높이가 기둥 높이와 비슷하다. 따라서 기둥 높이는 천장 높이에 하인방 높이(7치) 정도를 더하면 된다. 천장 높이를 2400mm로 하면 기둥 높이는 아홉 자 정도가 된다.

●

기둥 굵기 간사이가 크면 기둥은 굵어진다. 간사이란 기둥과 기둥 사이 거리를 말한다.* 한옥에서는 집 크기에 맞게 간사이를 정한다. 간사이를 잘 정해야 기둥 수를 줄일 수 있고, 기둥 굵기도 알맞게 조절할 수 있다.

---

* 예전에는 '간(間)'을 길이와 넓이를 함께 이르는 말로 썼다. 한 칸은, 기둥을 세우는 너비를 가리키기도 하고, 또 네 기둥이 서는 넓이를 가리키기도 했다. 이 책에서는 '기둥 사이 거리'만 이른다.

보통 살림집에서는 간사이를 여덟 자에서 열두 자 사이로 쓴다. 툇간은 그 절반 정도로 보통 네 자, 여섯 자를 쓴다.

예전에는 간사이 여덟 자에 툇간 네 자를 많이 썼다. 간사이가 열 자를 넘으면 기둥도 커지고 그에 따라 모든 부재를 크게 써야 하는데 큰 재목을 구하기가 매우 어려웠기 때문이다. 집을 크게 지을 때는 간사이를 늘리지 않고 간 수를 늘렸다. 그래서 소박한 집을 '초가 삼 간'이라 하고, 대궐처럼 큰 집을 '아흔아홉 간 대갓집'이라고 한 것이다.

요즘에는 큰 목재를 구하기 쉬워 간사이가 크고 기둥도 크게 쓰는 경우가 많다. 하지만 살림집에서 기둥 굵기를 한 자 넘게 쓰는 것은 좋지 않다. 기둥이 굵어지면 보나 도리도 커지게 되므로 나무 값이 많이 들고, 목재를 다루기에도 힘이 부친다.

기둥 굵기는 8치 정도면 무난하다.

기둥 크기를 정할 때 생각해야 할 게 더 있다. 벽이 두꺼워지고 인방이 커지면 기둥도 커진다. 인방은 기둥과 기둥 사이에 가로로 끼워 댄 것으로, 벽체를 만드는 뼈대가 되는 부재다. 그래서 인방 크기에 따라 기둥 크기가 달라진다.

벽체 두께를 정하면 곧 인방 폭을 정할 수 있다. 인방 폭은 벽체 두께와 같거나 3mm에서 6mm 정도 크게 하고, 네모기둥은 인방재보다 60mm 정도 두껍게 쓴다. 따라서 벽체 두께를 150mm로 집을 지을 때는 인방재 폭은 5치로 하고 기둥 폭은 7치로 하면 된다. 원기둥일 때는, 인방재 크기가 같다면 네모기둥 폭의 1.4배 되는 지름으로 기둥을 만들면 된다.

기둥감은 얼마나 필요할까?

기둥 높이와 폭을 정하는 데 생각해야 할 것들을 알았으니, 실제로 기둥감이 얼마나 필요한지 구해 보자. 몇 해 전에 우리가 지은 광주 안씨 종갓집 기둥 길이를 보자. 이 집은 장여를 수장한 납도리집이고, 겹처마 팔작지붕을 올렸다.

기둥 높이를 정하는 데 필요한 것들은 다음과 같다.

출입문 : 두 짝 여닫이 세살 시스템 도어 1200mm×1875mm

상인방과 중인방 : 150mm×150mm

하인방 : 150mm×180mm

장여 : 150mm×180mm

처마도리 : 210mm×240mm

그레발 : 60mm (기둥에 그레질을 하기 위해 하인방 아래에 덤으로 두는 길이로, 보통 두 치로 한다.)

도리와 상인방 사이에 200mm 벽체 공간을 둔다.
기둥 높이는 문과 인방재와 벽체 높이를 더해 구한다.

기둥 높이 = 그레발(60mm)+하인방(180mm)+문(1875mm)+상인방(150mm)+
벽체(200mm)+장여(180mm)+사개 촉이 도리에 꽂히는 깊이(120mm)
= 2,765mm

기둥 길이는 아홉 자(2700mm)가 조금 넘는다. 인방재 폭이 150mm이므로 기둥 폭은 210mm로 하면 된다. 따라서 이 집 기둥감은 길이 열 자에 폭 7치가 필요하다. 안타깝게도 일제 강점기부터 목재(육송)를 3의 배수로만 팔고 있다. 열 자 기둥을 만들려면 목재를 열두 자 주문해야 한다. 수입목은 원하는 길이대로 잘라 팔고 있다.

기둥 만들기

1) 기둥감은 곰팡이가 없고 벌레 먹지 않은 것으로, 부재 가운데 가장 좋은 것으로 고른다.
2) 기둥감을 모탕 위에 놓고 필요한 길이보다 넉넉히, 양쪽 끝부분을 수직으로 자른다.
3) 양쪽 끝 마구리면에 다림을 보아 십자 먹을 긋는다.
4) 십자먹을 기준으로 해서 기둥 굵기에 맞도록 양 마구리에 먹매김을 한다. 작은 집을 짓더라도 쓰임이 같은 기둥은 모두 같은 크기로 만든다. 이때 먹본*을 떠서 이 먹본으로 먹매김을 하면 같은 모양으로 부재 여러 개를 만들기에 편하다.
5) 양 마구리면에 먹매김한 기둥 크기대로 대패질을 한다. 민흘림기둥은 기둥 윗부분 굵기를 아래보다 10분의 1 정도 작게 만들고, 배흘림기둥은 기둥 아래쪽 3분의 1 지점을 가장 굵게, 아래쪽은 이보다 가늘게, 위쪽은 아래쪽보다 가늘게 만든다.
6) 대패질을 마무리하면 양쪽 마구리면에 있는 십자 먹을 서로 잇는 먹(심먹)을 친다. 이 먹에서부터 기둥에 먹을 놓는다.
7) 기둥 사개는 장여나 도리, 보를 짜는 곳이다. 사개 자른면은 보통 기둥 자른면 넓이의 4분의 1 정도로 한다. 그보다 작으면 부러지거나 뒤틀릴 수 있다.
8) 인방을 끼울 홈을 판다. 창이나 문이 없는 곳은 인방 춤에 맞도록 수장

---

* '먹본'은 같은 부재 여러 개를 만들 때 먹을 긋기 위해 만든 본보기다. 합판이나 두꺼운 장판지 따위로 먹본을 만들어 먹을 긋는다. 서까래, 기둥, 도리, 보머리, 추녀 앞머리에 먹본을 자주 쓴다.

원기둥 사개. _영덕 영천 이씨 재실 현장   네모기둥 사개. _파주 삼릉 매표소 현장

홈을 파고 창이나 문이 들어서는 기둥에는 1치 정도 여유를 두고 수장 홈을 판다.

9) 기둥에 벽선이 있으면 벽선 홈(깊이 5푼, 폭 1치 정도)을 파 놓는다.
10) 사개 부분에 한지를 붙이고 노끈 따위로 사개를 동여매서 벌어지거나 갈라지지 않도록 한다. 집 짜기가 늦어지면 기둥이 갈라지는 것을 막기 위해 양 마구리뿐만 아니라 기둥 전체 면에 한지에 찹쌀 풀을 발라 그늘에서 보관하면 좋다.

●

기둥 세우기   먼저, 주춧돌 높낮이를 잰다. 한옥을 짓기 시작하면서 참 신기했던 것 가운데 하나가 제각기 높이가 다른 주춧돌에 기둥을 같은 높이로 세우는 것이었다. 물반°을 보거나 레벨기를 써서 높낮이 차이를 주춧돌 위에 표시하고, 가장 낮은 주춧돌과 가장 높은 주춧돌을 알아둔다. 보통 가장 낮거나 높은 주춧돌에 먼저 기둥을 세우는데 둘 다 장단점이 있다.

　기둥 그렝이를 뜬다는 것은 기둥 높낮이를 같게 하기 위해 물반을 보고, 기둥 아랫면과 주춧돌 윗면이 서로 맞닿을 수 있게 그레먹칼로 긋는 것이다. 기둥 그레질은 기둥 아랫면에 그려진 그레먹(그렝이 뜬 먹선)대로 기둥을 깎아 주춧돌 윗면과 맞닿게 하는 것을 말한다.

　가장 낮은 주춧돌에 첫 기둥을 세우면 그레질을 적게 하게 된다. 나머지 기둥 그레발이 넉넉하게 되어 그레질이 손쉬워진다. 그러나 주춧돌 높이 차이가 심하면 (특히 자연 주춧돌) 기둥 하인방 수장 구멍까지 그레질하게 될 수도 있다. 하인방은 주춧돌과 가깝기 때문에 그레질을 많이 하면 하인방이 주춧돌 윗면과 맞닿게 될 수도 있다.

　가장 높은 주춧돌에 첫 기둥을 그레질하면 그레질이 많이 되므로 나머지 모든 기둥 하인방 수장 구멍을 보호할 수 있게 된다. 그러나 주춧돌 높낮이가 심할 때는 낮은 주춧돌 위에 세우는 기둥 그레발이 넉넉하지 않게 되면 기둥에 그렝이 높이가 나오지 않는 경우가 생길 수 있다.

　따라서 그레먹은 하인방 수장 구멍 아래 60mm 정도로 정하고, 그레발은 그레먹에서 또 아래로 적어도 60mm 넘도록 남겨두며, 주춧돌 높낮이는 두 치 넘게 차이가 나지 않게 해야 한다.

　나는 가장 높은 주춧돌에 먼저 기둥을 세우는 편이다. 주춧돌 높낮이를 알고 높은 주춧돌에 세우는 기둥을 조금만 그레질하면 모든 기둥을 좀더 높게 세울 수 있기 때문이다.

　주춧돌 위에 처음 세우는 기둥은, 나머지 기둥들을 같은 높이로 세우는

---

* '물반'은 투명한 호스에 물을 넣고 두 곳의 높낮이를 보는 것이다.

첫 번째 기둥을 세우고 있다. _광주 안씨 종갓집 현장

기준이 된다. 따라서 이 첫 기둥은 기울어지지 않게 곧바로 세워야 한다. 주춧돌에는 이미 십자 먹을 그어 놓았다. 기둥에도 중심먹(심먹)을 쳤다. 주춧돌에 첫 기둥을 세우고 면마다 다림추를 늘어뜨린다. 다림추가 매달린 실과 기둥 중심먹이 맞도록 기둥을 곧바로 세운다. 이것을 '다림 본다'고 한다. 다림을 본 기둥은 그렝이를 뜨고 그레질을 한다. 그런 다음 기둥을 세우면 주춧돌과 기둥은 빈틈없이 서로 맞붙게 된다.

　첫 번째 세운 기둥은 나머지 기둥들을 세울 때까지 기둥 높이를 재는 기준이 되므로 넘어가지 않도록 버팀목을 대어 준다.

　나무를 치목한 뒤 집을 짤 때까지 시간이 걸려 기둥이 많이 뒤틀리면 기둥 십자 먹과 주춧돌 십자 먹이 서로 맞지 않을 때도 있다. 이때는 기둥 가장 위쪽 중심 먹에서 다림추를 내려 추 뾰족한 끝부분이 주춧돌 십자 먹과 맞도록 다림을 본 뒤 기둥 그렝이를 뜬다.

　기둥 높이가 같게 되도록 나머지 기둥을 세운다. 첫 번째로 세운 기둥과 같은 높이로 나머지 기둥을 세우는 방법은 다음과 같다. 우선 첫 기둥 사개 바닥에서 줄자를 끌어내려 눈높이에 기준점(P)을 찍는다. 새로 세운 다른 기둥도 다림을 본 다음 같은 높이에 점(P^1)을 찍는다. 점 P와 점 P^1은

집 뼈대를 세운다　77

각각 기둥 사개 바닥에서 잰 거리는 같지만($P=P^1$), 물 호스를 써서 잰 물수평은 서로 다르다($P \neq P^1$). 첫 기둥은 그레질을 했으므로 짧아졌을 테고 새로 세운 기둥은 그레발만큼 더 길 것이다. 또한 두 기둥을 세워 둔 주춧돌 높이도 다르다.

호스에 물을 채워 넣은 뒤 새로 세운 기둥에 호스 한쪽을 가만히 대고 나머지 한쪽 호스의 물기둥이 첫 기둥 점 P와 일치하도록 맞춘다. 그러면 새로 세운 기둥의 점 P^1과 물기둥 높이 P^2에 차이 값이 발생한다. 바로 이

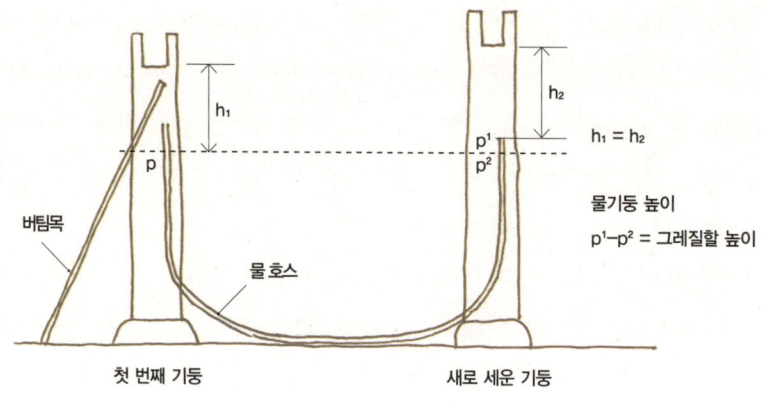

첫 번째 기둥 　　　　새로 세운 기둥

$h_1 = h_2$

물기둥 높이
$p^1 - p^2 =$ 그레질할 높이

물반을 보고 있다. _서울 필운동 현장

물반 차이값을 그레먹칼로 재고 있다. 그레먹칼이 벌어지는 만큼 그레질을 한다. _광주 안씨 종갓집 현장

높이 차만큼(P^1-P^2) 새로 세울 기둥을 그레질하면 된다. 이런 식으로 나머지 기둥들을 그레질해서 세우면 모든 기둥 높이가 같아진다.

물반을 볼 때, 자주 호스 양끝을 맞대 보아 물높이가 같은지 확인하고 물호스가 구겨지거나 접힌 곳이 없도록 해야 한다.

●

귀솟음과 안쏠림   **귀솟음**은 집 가운데 간을 중심으로 양쪽으로 갈수록 기둥을 조금씩 높게 만들어 귀기둥을 가장 높게 하는 것이다. 기둥 높이를 똑같이 해서 집을 지어도 가까이에서 보면 집 양쪽 끝부분이 처져 보이는데, 이런 착시현상을 바로잡기 위해서 귀솟음을 한다. 기둥에 귀솟음을 주고 싶다면 가운데 간을 중심으로 6mm에서 9mm씩 기둥을 높이면 된다. 간수가 적은 집은 귀기둥만 15mm에서 18mm 정도 높이기도 한다.

안쏠림은 기둥 윗부분을 집 가운데 쪽으로 조금씩 쏠리게 해 집이 벌어져 보이지 않게 하는 방법이다. 기둥 안쏠림은 현장 목수 입장에서 그리 권하고 싶지 않다. 안쏠림을 배려한 먹 놓기와 치목은 까다로울 뿐만 아니라 그렇게 해서 얻는 이득이 별로 없어 보인다. 차라리 치목을 정확히 하려고 노력하는 편이 훨씬 좋다.

한옥에 쓰는 짜임법

부재와 부재를 잇고 엮는 짜임법은, 전통기법이 매우 훌륭해서 지금도 한옥 현장에서 널리 쓰고 있다. 한옥 짜임법에는 크게 이음, 맞춤, 쪽매와 물림이 있다.

이음

이음은 두 부재를 길이 방향으로 이어 붙이는 것, 또는 그 자리를 말한다. 이음은 짧은 부재를 긴 부재처럼 쓰는 기법이다. 도리에 많이 쓰며 기둥 썩은 부분을 보수할 때도 많이 쓴다.

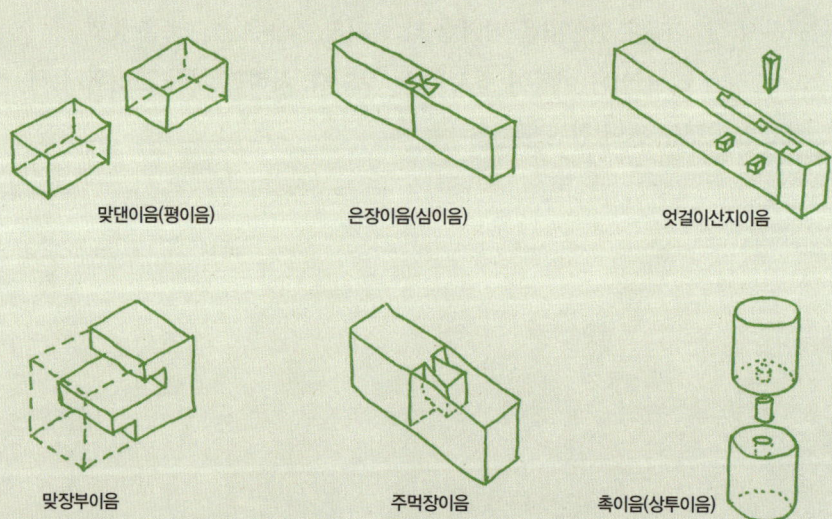

맞댄이음(평이음)   은장이음(심이음)   엇걸이산지이음

맞장부이음   주먹장이음   촉이음(상투이음)

맞춤

맞춤은 두 부재를 서로 직각이나 비스듬히 맞대어 붙이는 것, 또는 그 자리를 말한다.

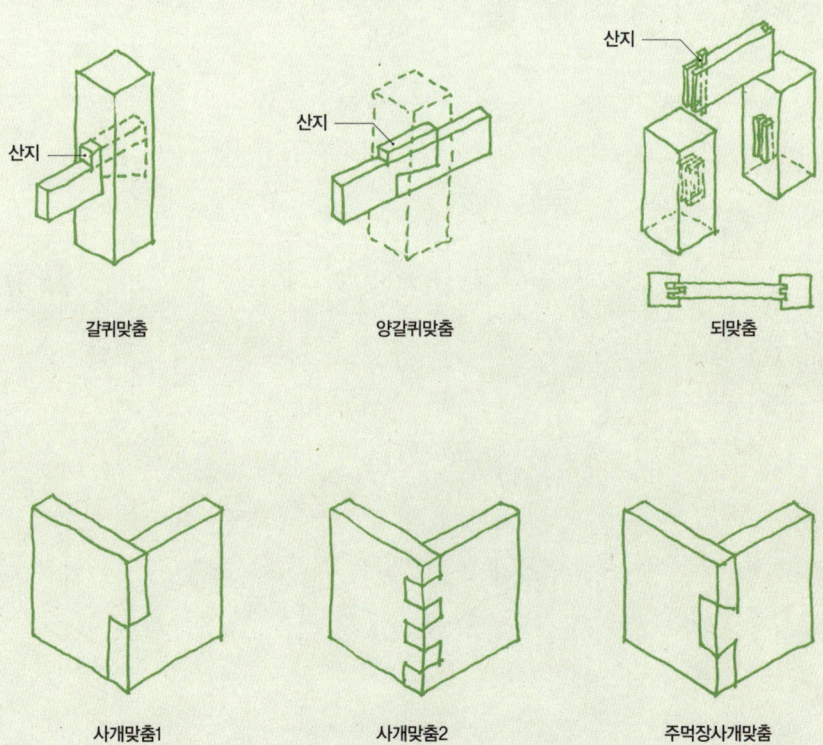

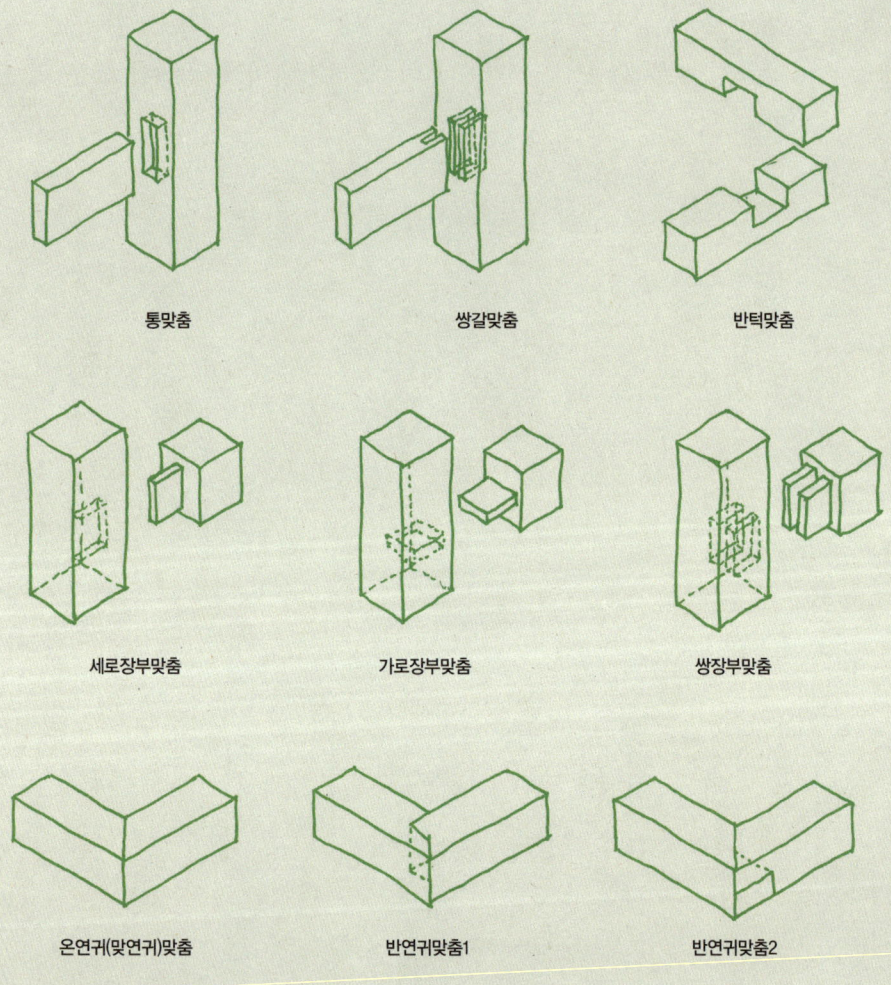

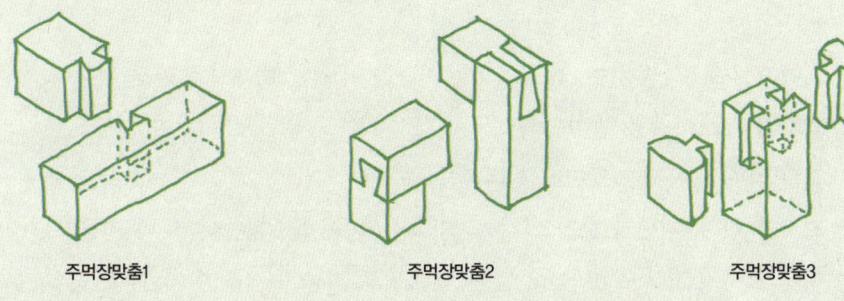

주먹장맞춤1 　　　주먹장맞춤2 　　　주먹장맞춤3

쪽매

쪽매는 판판하고 넓은 부재를 나란히 잇대어 넓게 하는 것이다.

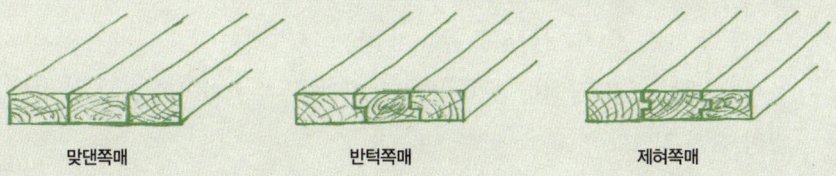

맞댄쪽매 　　　반턱쪽매 　　　제혀쪽매

보아지

보아지, 보를 받치는 받침목 기둥을 세우면 보아지를 먼저 끼운다. **보아지**는 보 아래를 받치는 받침목이다. 지붕 무게를 보가 받아 기둥으로 전달할 때 보아지가 보머리를 더 든든하게 해 지붕 무게가 기둥에 잘 전해지도록 한다. 기둥과 보가 만나는 면적이 얼마 되지 않는다. 보와 기둥 사이에 보아지를 넣으면 좀 더 넓은 면적으로 지붕 무게를 받게 된다. 눈밭을 발로 밟으면 푹 들어가지만 눈 신발을 신고 밟으면 쑥 들어가지 않는 것과 같은 원리다.

민도리집에서는 기둥에 보아지를 끼우고, 보아지에 장여를 주먹장으로 맞춤한 뒤 보를 올린다. 익공집에서는 기둥에 보아지를 끼우고 여기에 창방을 주먹장 맞춤한 다음 주두를 얹고 보를 올린다.

한옥을 지을 때 꼭 보아지를 두어야 하는 것은 아니다. 흔하지는 않지만 보아지 대신 짧은 장여를 두어 보와 도리를 함께 받치기도 하고, 보아지 없이 집을 짓기도 한다.

익공집에서는 보아지가 보를 받친다. 이때 보아지가 **주두**를 잡아 주는

---

* 기둥에서 바깥쪽으로 빠져나와 있는 부분을 '뺄목'이라 한다. '내목'은 기둥에서 안쪽, 곧 집안으로 들어와 있는 뺄목을 말한다. 안쪽 뺄목이라 할 수 있다.

민도리집 보아지.

익공집 보아지. 초익공이라 한다.

역할을 한다. (주두에 관해서는 95쪽에 자세히 나온다.)

보가 지붕 무게를 받아 기둥에 전달한다. 민도리집보다 규모가 큰 익공집은 지붕도 더 무겁기 마련이다. 익공집에서는, 주두와 보아지가 이 일을 함께 맡는다. 지붕 무게 대부분은 주두가 받아서 기둥으로 전달하고 보아지는 주두를 앞뒤로 잡아 주는 역할을 한다. 익공집 보아지는 민도리집에 쓰는 보아지보다 길이와 춤이 훨씬 크다.

살림집을 지을 때는 보통 보아지에 따로 조각을 하지 않는다. 보아지 뺄목*은 수직으로 자르고 내목은 비스듬히 잘라 만든다. 절에서는 보아지에 조각을 하기도 하고 단청도 한다.

익공집에는 보아지에 화려한

기둥에 보아지를 끼웠다. _서울 필운동 현장

보아지 없이 보와 도리를 함께 받치는 짧은 장여가 보인다. _나주 향교

보아지가 주두와 보머리를 받치고 있다. _나주 향교

보아지에 화려한 꽃가지를 조각해 넣었다. _양동 마을 무첨당

조각을 새겨 넣기도 한다. 주로 꽃가지를 본떠 조각하는데, 보머리보다 길게 조각을 새겨 멋을 낸다. 한옥에서 드물게 멋을 한껏 뽐내는 부재인 셈이다.

민도리집과 익공집

한옥은 기둥 위로 보를 받는 부분을 어떻게 짜는지에 따라 크게 민도리집과 포집, 익공집으로 나눌 수 있다. 포집과 익공집은 모두 기둥 윗부분에 주두를 놓고 살미와 첨차, 익공 같은 부재(공포 부재)를 짜서 보를 받친다. 민도리집은 이런 공포 부재를 쓰지 않고 보를 받친다.

민도리집

민도리집은 기둥 윗부분이 바로 보를 받친다.

민도리집은 다시 굴도리집과 납도리집으로 나눈다. 굴도리집은 자른면이 둥근 도리를 쓰고, 기둥 윗부분에 사개를 틀고 이 사개에 보와 장여를 직각으로 짠 다음 보머리 위로 굴도리를 올려 서까래를 받치도록 한다. 납도리집은 자른면이 네모난 도리를 쓰고, 기둥 윗부분에 사개를 틀고 보와 납도리를 직각으로 짜맞춰 서까래를 받도록 한다. 기둥 위에 짠 보 아래에는 보아지를 끼워 넣는다.

민도리집

익공집

익공집은 기둥 위쪽으로 기둥과 기둥 사이에 창방을 건너지르고, 새 날개 모양으로 조각을 한 '익공'을 끼워서 만든 집이다. 익공이 하나일 때는 초익공, 익공이 두 단으로 된 경우에는 이익공이라 부른다. 창방과 익공은 기둥에서 서로 직각으로 짠 뒤 그 위에 주두를 얹고, 이 주두 위에서 보와 장여를 서로 직각으로 짠 다음 그 위로 굴도리를 얹어 서까래를 받친다.

초익공 집

이익공 집 _영덕 영천 이씨 재실

창방

●

창방은 기둥머리를 잡아 준다 익공집을 짓는다면 기둥을 세우고 나서 기둥머리에 **창방**을 끼워야 한다. 창방은 익공집에서 기둥과 기둥을 위쪽에서 잇는 긴 가로 부재다. 민도리집에는 창방을 쓰지 않는다. 익공집에서는 보나 도리를 기둥 위에 있는 주두에서 짜기 때문에 기둥과 기둥을 잡아 주기 위해 창방을 둔다. 창방이 모든 바깥 기둥을 빠짐없이 잡아 주어 기둥이 받는 수평하중●을 견딜 수 있도록 한다.

창방은 주두, 소로, 장여와 함께 쓰는 부재다.(주두와 소로에 관해서는 95쪽, 장여에 관해서는 123쪽에 나온다.) 창방이 있는지 없는지를 보고 그 집이 얼마나 큰지, 어떤 형식으로 지었는지를 알 수 있다.

창방은 기둥 사개에서 기둥과 주먹장으로 맞춤하거나 보아지와 주먹장으로 맞춤하고 기둥 위로는 주두를 얹는다. 기둥 사이 창방 윗면으로 소로를 얹고 장여와 도리를 그 위에 놓는다.

귀기둥에서는 창방끼리 서로 반턱맞춤 한다. 귀기둥 위에 있는 창방이 '귀창방'이다. 귀창방 뺄목에는 조각을 해 보아지와 같은 모양으로 만든다.

● '수평하중'은 집 기둥머리에서 수평으로 받는 하중이다. 바람이나 지진, 바깥에서 오는 충격 따위로 집 가로 방향으로 더해지는 힘이다.

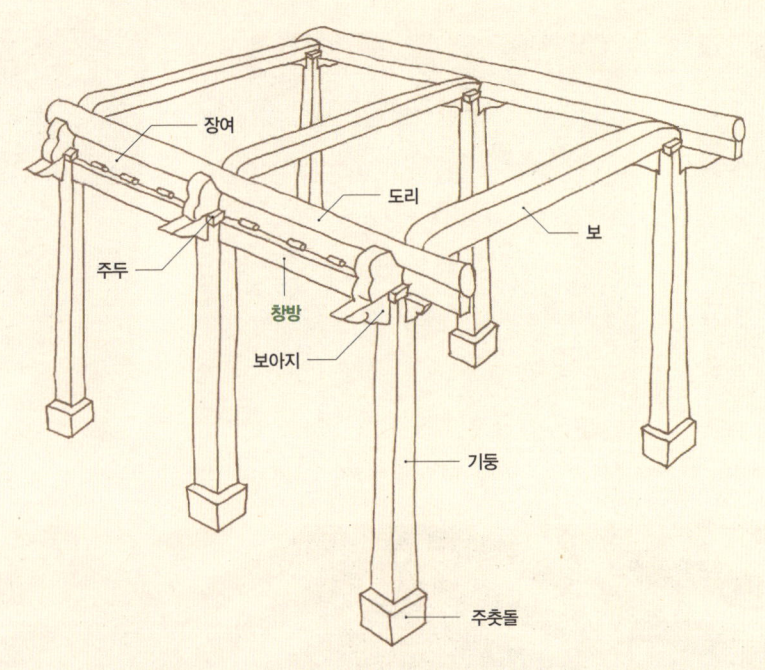

창방을 보아지와 주먹장맞춤하고 주두를 얹어 놓았다. _정읍 현장

집 뒷면은 창방 아래로 벽을 만들었고, 앞면은 창방 아래를 터 놓았다. _양동 마을 무첨당

판대공과 동자기둥에 뜬창방을 맞춤했다. _낙안읍성 관아

뜬창방은 대갓집 대청마루 위에서 흔히 볼 수 있는데, 공중에 떠 있는 창방이다. 마룻보 위로 대공•을 세우고 뜬창방을 건 다음 소로를 얹어 도리와 장여를 받친다. 뜬창방은 판대공에 맞춤해 판대공이 오랜 세월 똑바로 잘 서 있도록 한다.

●

창방 만들어 끼우기

1) 창방 폭은 기둥 굵기보다 크게 쓰지 않는다. 원기둥일 때는 기둥 굵기의 3분의 2쯤으로 정하면 좋다. 인방 폭보다는 적어도 두 치 넘게 크게 한다. 창방 춤(높이)은 폭의 1.4배로 하거나 폭보다 두 치 정도 크게 하면 무난하다.
2) 창방을 마름질한 뒤 양 마구리면에 중심에서 수직선을 긋고 이를 위아래로 잇는 먹을 놓는다. 이때 나무 등 쪽을 창방 윗면으로 쓴다. 긴 부재는 등 쪽으로 배가 부르듯 휘는 성질이 있기 때문이다.
3) 평기둥 사이에 두는 창방은 보아지에 주먹장맞춤 한다.
4) 귀기둥에서는 창방끼리 기둥 사개에서 반턱맞춤 한다. 이때 창방 뺄목 길이는, 팔작집에서는 보머리 뺄목 또는 보아지 뺄목과 비슷하게, 맞배집에서는 900mm에서 1200mm 정도로 한다.
5) 창방 윗면에 소로와 소로방막이를 끼울 자리를 만든다. 소로방막이를 끼울 자리는 폭에 맞도록 깊이 3푼에서 5푼(9mm~15mm) 홈을 판다. 소로 앉을 자리는 구멍을 내고 촉을 박아 넣어 소로를 끼워 맞춘다.

• '대공'은 마룻보 위에 세워 상도리를 받치는 부재다. 파련대공, 판대공, 일자대공이 있다. (112쪽에 나온다.)

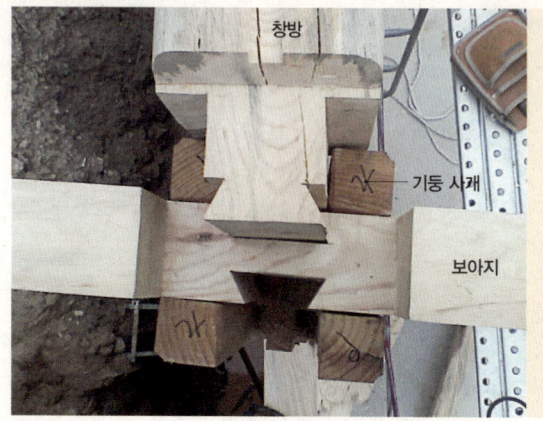

기둥머리에 창방을 끼웠다. _파주 현장

6) 기둥 높이와 창방 윗면이 같은 경우도 있지만, 보통은 창방 윗면을 한 치(30mm) 정도 높여 주두 옆면을 잡아 주어 튼튼하게 한다. 이때 주두와 맞추는 창방 양 마구리면은 주두에 한 치 정도 물릴 수 있도록 비스듬히 깎거나 턱지게 깎는다.

7) 창방 위아래 모서리 부분을 둥글게 깎는다.

주두와 소로

●

기둥머리에 주두를 둔다   기둥에 보아지와 창방을 끼우고 난 뒤에는 **주두**를 얹는다. 주두는 됫박처럼 네모지게 생겨 기둥머리에 올려놓는 부재다. 익공집처럼 집이 커지면 지붕 무게가 늘어난다. 이 무게를 기둥에 효과 있게 전달하기 위해 주두를 쓴다. 민도리집에는 주두를 쓰지 않는다. 주두를 우리 말로 '대접받침'이라고도 하는데 현장에서는 잘 쓰지 않는다.

    주두는 기둥머리에 바로 얹는 큰 주두가 있고, 이익공집처럼 큰 집에서 주두 위에 두는 작은 주두가 있다. 기둥머리에 얹는 주두를 '초주두' 또는 '대주두'라 하고, 작은 주두를 '재주두' 또는 '소주두'라고 한다.

낙안읍성 관아에 있는 주두.

수덕사 주두.

기둥 위로 초주두와 재주두를 끼웠다. _영덕 영천 이씨 재실 현장

●

주두 만들기　주두 아래 위는 바른네모꼴이다. 옆에서 보면 운두와 굽 부분으로 나눌 수 있다. 운두에 장여와 보를 십자로 얹도록 기둥 사개처럼 갈을 파고, 운두 아래로 비스듬한 굽을 만든다. 굽에는 소로방막이와 보아지를 끼우므로 주의를 기울여 만들어야 한다.

　주두 크기는 기둥 폭에 따라 정한다. 주두 바닥 폭은 기둥 폭과 같게 하는데, 귀기둥 위에 놓는 주두는 조금 크게 쓰기도 한다. 전체 폭은 바닥 폭보다 사방으로 1.5치 크게 한다.

　주두 높이는 집 크기에 따라 달리 쓰는데, 살림집에서는 보통 5치로 한다.

　예를 들어, 기둥이 7치 네모기둥이면 주두 바닥 폭이 7치, 춤은 5치, 운두 곧 주두 윗면 폭은 한 자가 된다. 한 자 원기둥이면 주두 바닥 폭이 한 자, 춤은 5치, 주두 윗면 폭은 1.3자가 된다.

　주두에는 참 많은 부재가 따라붙는다. 그래서 치수와 각도가 틀어지지 않도록 정확하게 만들어야 한다. 주두를 만들 때 나무 심재 쪽을 주두 윗면으로 쓰는 것이 좋다. 나무가 마르면서 많이 줄어드는 변재 쪽은 부피가 줄고, 적게 줄어드는 심재 쪽은 벌어지게 된다. 벌어진 심재 쪽에 갈을 만

주두 윗면

주두 바닥면

보머리에 주두를 미리 맞춰 보고 있다.

들어 보를 받아야 주두가 깨지는 일도 덜하고 끼워 넣기도 편하다.

주두를 만든 다음에는 현장에서 보머리에 미리 끼워 보아야 한다. 그리고 맞지 않는 부분을 손질하여 갈라지지 않도록 해야 한다. 주두와 보가 서로 맞지 않아 깨지면 주두를 새로 만들 때까지 일을 하지 못할 수도 있다.

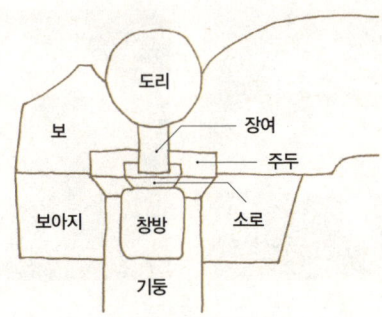

- **주두와 이웃한 부재들** 기둥머리에서 창방과 보아지에 주두 앉을 자리를 마련하면 주두를 얹는다. 주두를 얹고 주두 운두에 보머리를 꽂고 장여를 끼운다. 주두 옆으로는 보아지와 창방, 소로방막이가 끼워진다. 이렇게 하는 것은 집 뼈대를 튼튼히 하고, 지붕 무게를 받는 주두를 잘 받쳐 주어 보호하기 위해서다.

- **장여를 받치는 소로** 소로는 익공집에서 창방 위에 얹어 장여를 받치는 부재다. 우리 말로는 '접시받침'이라고도 하는데 현장에서는 잘 쓰지

일반 소로. 통소로라고도 한다.

판대공에 끼울 소로. 보통 소로보다 길게 만들었다.

파련대공에 소로를 끼웠다. 윗쪽 소로가 장여를 받치고 있다. _양동마을 무첨당

않는다.

　소로와 소로 사이에는 공간이 생기는데 여기에는 소로방막이를 끼운다.

　소로는 굽과 갈로 이루어지며, 창방 위에 놓고 위로 장여를 받는다. 소로 옆면에는 소로방막이를 주두 옆까지 고른 간격으로 끼워 댄다.

　소로방막이는 집 안쪽으로 비바람이 들어오지 못하게 한다. 장여와 소로방막이가 한 몸으로 된 통장여에는 소로 모양 '쪽소로'를 붙이기도 한다. 쪽소로는 '통소로'를 반쪽 내어 만든 것인데 장식일 뿐 지붕 무게를 받지 못한다. 이때는 소로방막이가 지붕 무게를 받는다.

　소로는 도리가 받는 지붕 무게를 창방에 골고루 나눈다. 소로는 또 판대공이나 파련대공에 끼워 대공과 맞춤한 장여를 받치기도 한다.

소로 만들기 소로 크기는 주두 크기와 장여 폭에 따라 정한다. 소로 폭은 장여 폭보다 2치 정도 크게 한다. 소로 갈 사이에 장여를 앉힌다. 양쪽 갈 폭은 모두 1치다. 폭 1치, 춤 1치인 갈이 장여 아랫면을 감싸게 된다. 따라서 장여 폭이 3치면 소로 폭은 5치가 되어야 한다. 그래서 소로는 보통 춤 3치, 폭 5치로 만든다. 주두와 장여 폭이 달라지면 소로 크기도 다르게 해야 한다.

　소로는 크기가 작지만 손이 많이 가는 부재다. 소로를 만드는 긴 각재는 폭과 춤이 한결같아야 하고 직각이 딱 들어맞아야 한다. 그래야 소로들을 같은 모양으로 만들 수 있다.

보

보는 집 틀을 만든다   보는 기둥과 함께 한옥 틀을 만드는 중요한 부재다. 기둥을 세우면 집 벽면을 만들 수 있고 기둥머리에 보를 짜면 도리와 서까래를 걸어 지붕을 만들 수 있다. 기둥을 세우고 대들보로 기둥머리를 앞뒤로 잡아 주면 도리를 집 테두리에 빠짐없이 두를 수 있다.

보는 쓰는 자리와 쓰임새에 따라 대들보(대보), 중보, 마룻보, 툇보, 충량, 우미량, 고미보, 헛보로 나눈다.

대들보는 평기둥과 평기둥, 또는 평기둥과 높은기둥을 잇는 큰 보다. '대보'라고 한다.

마룻보는 현장에서 '종보'라고 한다. 오량집에서는 '오량보'라고도 하는

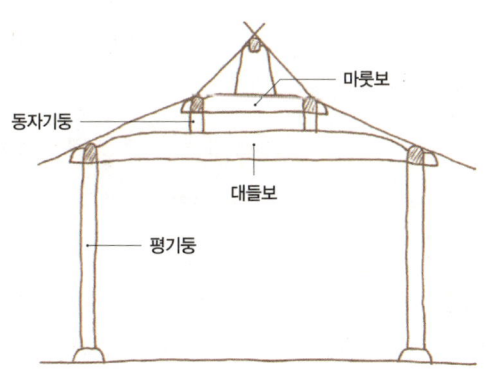

대들보와 마룻보. _안동 충효당

데 대들보 등허리 위에 있는 동자기둥에 걸치는 보다. 대들보에는 처마도리를 얹고 마룻보에는 중도리를 얹는데, 이 두 도리에 걸치는 서까래를 '처마서까래'라 한다. 처마도리와 중도리의 높낮이와 거리에 따라 처마서까래 물매가 달라진다. 마룻보 등허리 가운데에는 대공을 얹어 상도리를 받는다.

중보는 칠량집이나 보다 큰 집에 쓰는 보다. 대보 위, 마룻보 아래인 중간 지점에서 맨 아래 중도리를 받는다.

툇보는 툇간이 딸린 집에서 높은기둥과 평기둥을 잇는 보다. 툇보를 평기둥에 끼울 때는 기둥머리에 보머리를 끼운다. 높은기둥에 끼울 때는 툇보 뒤꼬리를 장부 내어 높은기둥 중간에 꽂고 나무로 된 산지˙못을 박아 고정한다.

충량은 기둥과 대들보 몸통을 잇는 보다. 옆면이 넓어 기둥을 세워 칸을

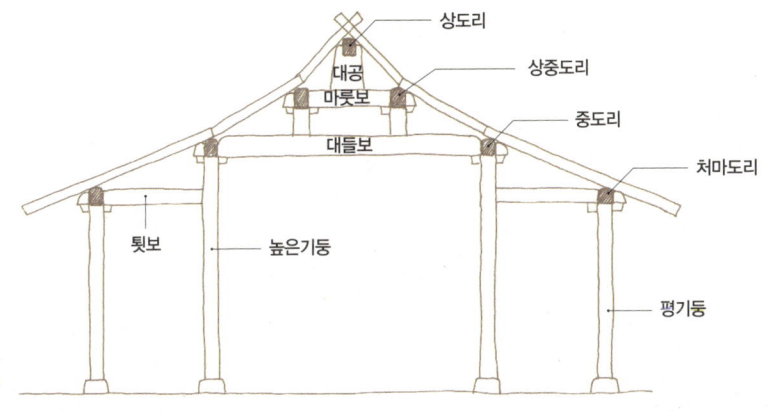

높은 기둥이 둘인 칠량집

툇보는 평기둥과 높은기둥을 잇는다. _나주 향교

도갑사 충량.

나눈 집에서 이 기둥과 대들보 몸통을 잇는다. 충량은 대들보와 직각 방향(도리 방향)으로 놓으며 등허리에 동자기둥을 얹어 외기도리*를 받는다.

---

* '산지'는 서로 겹쳐댄 두 부재, 또는 장부맞춤한 두 부재의 옆면에서 구멍을 뚫고 꽂아 넣는 가는 나무쪽이다. 두 부재가 떨어지는 것을 막는다. '비녀장'이라고도 한다.
* '외기도리'는 오량집에서 집 앞뒤 중도리와 직각으로 만나는 양쪽 옆면 중도리를 말한다. 중도리와 외기도리가 직각으로 되게 짜맞춘 것을 '왕지'라고 하는데 이 왕지에 추녀를 앉힌다. (121쪽에 자세히 나온다.)

마룻보 아래에서부터 우미량이 폭포 꼴로 이어져 있다. _나주 향교

충량은 보통 팔작지붕을 꾸밀 때 추녀를 받기 위해 쓴다.

　우미량은 '꼬리보'라고도 하는데, 한쪽 끝이 휘어 도리에 닿는 보를 말한다. 도리나 보 위에 걸쳐 대어 집안 공간을 나누기 위해 벽 윗부분을 마감할 때 쓰거나, 충량과 마찬가지로 외기도리를 받기 위해 동자기둥을 세우는 구실을 할 때가 많다. 이때 우미량은 중간이 위로 휘어 오르지 않는 직선 부재에 가깝다.

　고미보는 '고미반자'를 만들어 얹은 보다. 보와 도리, 또는 보와 보의 중간 허리에서 직각 방향으로 서로 이어지도록 따로 고미보를 짜기도 한다. 보와 도리 옆면 허리에 고미서까래 자리를 파서 끼우면 보나 도리가 고미보 역할을 하기도 한다.

　헛보는 '거짓 보'라는 뜻이다. 겉으로 보기에 보가 들어가야 할 자리에

기둥 사개에 헛보 머리와 도리를 짰다. _제천 금성면 현장

보머리만 들어가서 도리를 받는 보를 말한다. 굳이 제대로 된 보를 쓰지 않아도 지붕 무게를 견딜 수 있을 때나, 보를 쓰는 것이 오히려 불편한 경우에 보머리만 만들어 기둥에 끼우고 도리를 받는다.

●

보 크기 정하기   보 크기는 집 옆면 규모에 따라 정한다. 우리 선조들은 눈비를 피하고, 집안을 시원하게 하고, 온도와 습도를 잘 조절하기 위해 천장을 세모꼴로 만들었다. 세모꼴 천장은 대들보에 처마도리를 두르고, 마룻보에 중도리를 두른 뒤 천정 끝에 대공 위로 상도리를 걸면서 만든다. 보는 기둥머리에서 도리와 함께 집안 공간을 만들며 지붕 무게를 기둥으로 전달한다. 도리가 지붕 무게를 견딜 수 있는 한계 지점마다 보를 두고, 보 아래에 기둥을 세워 지붕 무게를 견디는 것이다. 그래서 간사이(기둥과 기둥 사이의 거리)와 기둥 크기, 그리고 지붕 모양을 만드는 물매에 따라 보 크기가 달라진다.

보 길이는 집 옆면 간사이로 정한다. 한 간사이는 보통 여덟 자에서 열두 자다. 큰 집에서는 옆면을 두 간 이상 쓰는데, 이럴 때는 집 옆면 길이가 대들보 길이가 된다. 보는 양쪽이든 한쪽이든 도리를 받치기 위해 보머리가 있어야 한다. 보 크기는 이렇게 정할 수 있다.

보 길이 = 보를 꽂을 기둥 사이 거리 + 보머리(보 뺄목)

높은기둥에 꽂는 보는 긴 장부를 만들어 기둥에 맞춤한다. 보 뒤꼬리에 만드는 이 장부는 기둥 폭의 2분의 1에서 3분의 2 정도로 만든다. 기둥에 보 뒤꼬리를 꽂고 기둥 옆면에서 산지못을 박아 대면 튼튼하다.

대들보 폭은 보통 기둥 폭보다 2치 정도 넓어야 한다. 그래야 보가 도리를 받쳐 지붕 무게를 견딜 수 있으며 기둥을 감싸 안을 수 있기 때문이다.

대들보 춤은 폭의 1.4배 정도로 한다. 다만 대들보 길이가 스무 자를 넘을 때는 춤이 폭의 1.5배는 되어야 한다. 춤이 폭보다 커야 무게를 잘 견딜 수 있고 보기에도 좋다. 가끔 보를 자연목 그대로 쓰기도 한다. 이때 큰 집이라면 위 마구리 지름이 1.3자가 넘으면 무난하고, 작은 집에서는 위 마구리 지름이 1.1자만 되어도 튼튼한 집을 지을 수 있다. 이렇게 하면 보 춤과 폭이 얼추 같게 되지만 지붕 무게를 받는 데는 무리가 없다. 옛집 답사를 다녀 보면 알 수 있다. 그만큼 자연목이 튼튼한 것이다.

익공집 대들보 머리

납도리집 대들보 머리

대들보와 툇보 뒤초리를 기둥에 끼워 댄 다음 산지못(점선 동그라미 안)을 박았다. _영덕 영천 이씨 재실 현장

보통 살림집에서 보머리 폭은 기둥 폭보다 한 치에서 두 치 정도 작게 만든다. 다만 익공집 대들보 보머리 폭은 주두 바닥 너비와 비슷하게 한다.

중보나 마룻보는 대들보보다 작게 쓴다. 지붕 무게를 대들보보다 덜 받고 길이가 짧기 때문이다.

마룻보 폭은 동자기둥 폭과 같이 하거나 조금 크게(1치 정도) 하면 된다. 춤은 폭의 1.3배 정도면 된다. 마룻보 머리 쪽은 대공과 같으면 좋고 중도리 폭과 같아도 된다.

툇보는 대들보보다 작게 쓰는데, 폭은 높은기둥과 같거나 한 치쯤 작게 쓴다. 툇보가 지붕 무게를 직접 받지 않기 때문이다. 툇보 춤은 높은기둥에 꽂는 대들보와 평기둥 높이에 따라 달라진다. 만약 대들보 바닥과 평기둥 사개 바닥 높이가 같다면 툇보 춤은 폭의 1.3배 정도로 하면 무난하다.

툇보도 자연목을 쓰면 좋다. 높은기둥에 꽂는 툇보 뒤꼬리와 평기둥 머리의 높이 차이가 클 때 자연스럽게 휜 부재를 쓰면 보기에도 좋고 돈도 아낄 수 있다.

충량은 대들보 몸통에서 옆면 평기둥 머리로 꽂게 되므로 휜 부재를 쓰면 좋다. 충량에는 외기도리를 받는 동자기둥을 세우므로 지붕 옆면 무게를 직접 받는다. 폭은 기둥 폭과 같거나 조금 크게(한 치 정도) 하고 충량 뒤꼬리 위 등이 대들보의 위 등과 비슷하거나 조금 올라오는 정도로 휜 부재면 좋다. 여기에 보머리까지 만들어야 하므로 어느 정도 큰 부재를 골라야 한다. 자연스럽게 휜 자연목을 충량으로 쓸 때는 마구리 폭이 기둥 폭보다 더 큰 것이 좋다. 충량 뒤꼬리는 대들보에 통 넣고 주먹장(또는 두겁주먹장)맞춤 하는 것이 무난하다. 충량 보머리 크기는 대보 보머리와 같게 한다.

우미량에 외기도리를 받는 동자기둥을 세울 때는 충량과 비슷하게 하면 되고 단순히 고미보를 겸하거나 칸막이를 위해 쓸 때는 더 작게 만들어도 된다.

고미보는 보통 보머리가 없으므로 고미보를 거는 간사이를 보 길이로 하면 된다. 고미보 폭과 춤은 도리 폭과 춤하고 비슷하게 쓰면 무난하고, 필요에 따라 폭은 조금 크게 춤은 조금 작게 해도 된다. 고미보는 보통 보나 도리에 통 넣고 (두겁)주먹장맞춤 하며, 맞춤해 물리는 길이는 도리 폭의 3분의 1에서 2분의 1 사이가 된다.

●

보 만들어 걸기 보머리는 이웃 부재와 조화로울수록 아름다워진다. 보 전체 모습을 보면 보머리와 보목 그리고 몸통, 뒤꼬리로 구별할 수 있다.

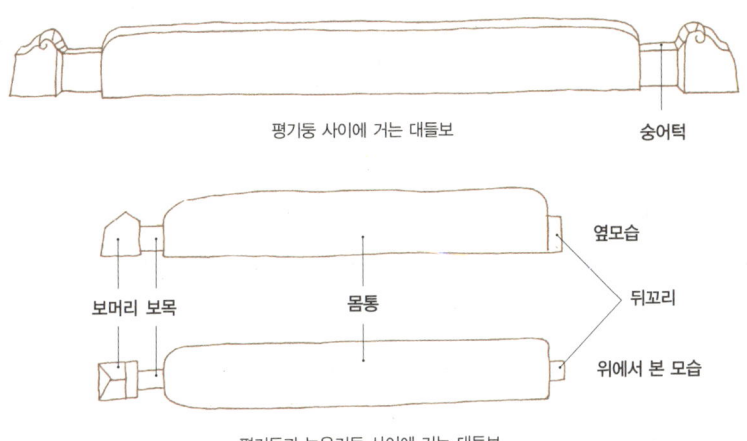

평기둥 사이에 거는 대들보 / 숭어턱

옆모습 / 뒤꼬리 / 위에서 본 모습
보머리 보목 / 몸통

평기둥과 높은기둥 사이에 거는 대들보

보목에는 집을 잘 짜는 기술이 숨어 있다. 보목 윗면을 '숭어턱'이라고 하는데, 보목은 기둥 사개에 꽂고 양옆으로 도리(때로는 장여도 함께)를 맞춤한다. 보목에 도리나 장여를 주먹장맞춤 하면 더 튼실하게 짜인다. 굴도리집은 보통 보 바닥과 장여 바닥이 같아서 보목에 장여를 주먹장맞춤 하

보 바닥과 장여 바닥 높이가 같은 익공집이다. 보목 아래로 장여끼리 주먹장맞춤 했다. _영덕 영천 이씨 재실 현장

보목 아래로는 장여끼리 숭어턱 위로는 도리끼리 주먹장맞춤 한다.

집 뼈대를 세운다 109

거나 장여끼리 보목 아래에서 서로 주먹장맞춤 해 든든히 짠다. 맞배집에서는 꼭 도리나 장여를 서로 주먹장맞춤 하거나 보목에 주먹장맞춤 해 튼튼하게 짜도록 해야 한다.

　보 뒤꼬리는 높은기둥에 꽂거나 회첨에서 다른 부재와 맞춤 한다. 대보를 높은기둥에 꽂을 때 대들보 뒤꼬리를 높은기둥에 장부 넣고 산지못을 박는다. 대들보와 툇보 뒤꼬리가 높은기둥에서 만나면 뒤꼬리끼리 양갈퀴 맞춤을 하기도 한다. 하지만 높은기둥에 갈퀴장부 홈을 너무 많이 파게 되면 기둥이 약해진다. 보통 살림집에서는 장부맞춤한 뒤 산지못을 박는 것이 낫다.

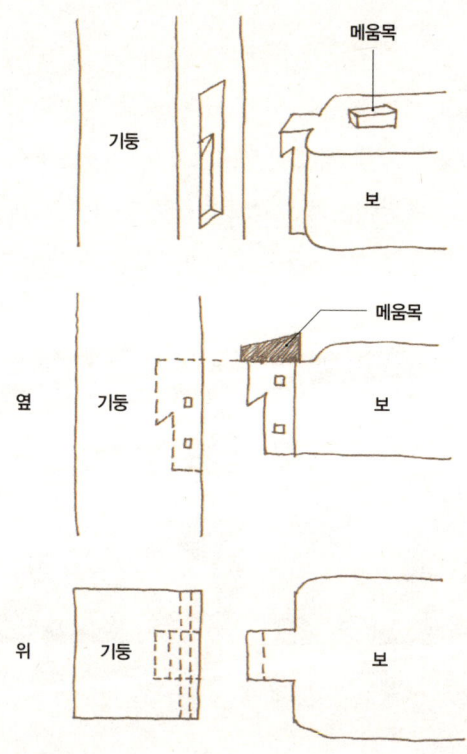

동자기둥과 대공

동자기둥은 짧은 기둥   **동자기둥**은 짧은 기둥으로, 주춧돌이 아닌 대들보 등에 얹어 마룻보와 중도리를 받는다. 다른 말로 '동자주', '쪼구미'라고도 부른다. 동자기둥을 대들보 어디에 앉히는지, 동자기둥 높이가 얼마나 되는지에 따라 지붕 물매가 달라진다.

대들보 위에서 동자기둥이 마룻보를 받고 있다. _고창읍성 관아

동자대공이 상도리와 장여를 받치고 있다. 상량식을 하면서 명주실타래와 북어를 매달았다. _서울 필운동 현장

•
대공은 상도리를 받는다 상도리는 용마루 밑에서 서까래를 얹는 도리다. **대공**은 이 상도리를 받는다. 대공은 마룻보 위, 집 가장 위쪽 중심 부분에 자리한다.

대공은 동자기둥과 비슷하게 만드는 **동자대공**이 있고, 두꺼운 판재를 여러 겹 쌓아서 사다리꼴로 만드는 **판대공**이 있다. 동자대공은 소박하여 작은 집이나, 맞배집 양 옆면에 많이 쓴다. '일자대공'이라고도 한다. 대청 천장처럼 눈에 띄는 곳에는 판대공이나 조각을 화려하게 한 **파련대공**을 많이

맞배집 동자대공. _부안 내소사 요사체

파련대공 _남산골 한옥마을 김춘영 가옥

쓴다. **포대공**은 첨차와 소로를 써서 공포를 짜듯 만드는 대공인데 절집에서 많이 볼 수 있고 살림집에서는 잘 쓰지 않는다.

● 동자기둥과 대공 만들기
동자기둥나 대공 높이는 지붕 물매에 따라 정한다. 굵기는 납도리 폭과 같거나 1치 정도 크게 쓴다. 다만 도리 폭이 8치가 넘으면 도리 폭과 같은 굵기로 쓰는 것이 보기 좋다.

동자대공은 부재 하나로 통으로 만든다. 도리 방향(가로 방향)보다 보 방향(세로 방향)이 길게 만든다. 도리 방향 폭은 보통 4치가 넘는 것이 좋고 보 방향 윗면 폭은 도리 폭보다 1치에서 2치 정도 크게 쓴다. 아랫면은 윗면과 같거나 좀 더 크게 쓴다.

판대공은 판재를 여러 개 잘라 사다리꼴로 쌓아 만든다. 판대공은 지붕 무게를 받는 부재이므로 두께가 4치 정도는 되는 것이 좋다.

중요한 것은 동자기둥과 대공 높이다. 동자기둥과 대공 높이에 따라 지붕 물매가 달라지므로 편수가 생각해 둔 물매에 따라 동자기둥과 대공 높이를 정한다.

횡성 유평리에 지은 살림집을 예로 들어 보자. 이 집은 오량 홑처마 맞배집으로 처마서까래 물매가 4.5치이고, 짧은 서까래 물매가 8치다. 대들보 춤은 1.3자이며, 마룻보 춤은 1.2자다. 그래서 동자기둥 높이는 2자 2치, 대공 높이는 3자 6치로 정했다.

동자기둥은 대들보 등허리에 장부를 내어 꽂는다. 보통 쌍장부와 십자꼴 촉을 많이 쓰는데 쌍장부는 보 등허리에 동자기둥 자리를 평평하게 다듬고 좌우로 장부 홈을 파서 꽂는다. 장부는 보 방향으로 길게 만들면 되고 십자꼴 촉은 보 등허리를 평평하게 다듬고 보머리 쪽에서 보았을 때 장부촉과 홈을 왼쪽에 두면 된다. 이렇게 하는 것은 나무가 휘는 것을 생각해서다. 우리 나라에서는 나무가 하늘을 향해 시계 방향으로 돌면서 자라기 때문에 마르면서 시계 방향으로 휜다. 그래서 왼쪽에 장부 홈을 파고 나무가 돌아갈 때 힘을 받는 오른쪽에 살이 남도록 한다. 작은 집에서는 간단하게 보 방향으로 길게 외장부를 만들어 끼울 수도 있다.

가장 좋은 방법은 동자기둥을 보 등허리에 통으로 넣고 가운데 장부를 내어 꽂는 것(통장부 동자기둥)이다. 이렇게 하면 동자기둥이 갈라지는 것을 막을 수 있다.

동자기둥 사개에서 마룻보와 중도리는 평기둥에서처럼 맞추면 된다.

대공은 대들보나 마룻보 등허리를 평평하게 다듬고 촉 맞춤해 세운다.

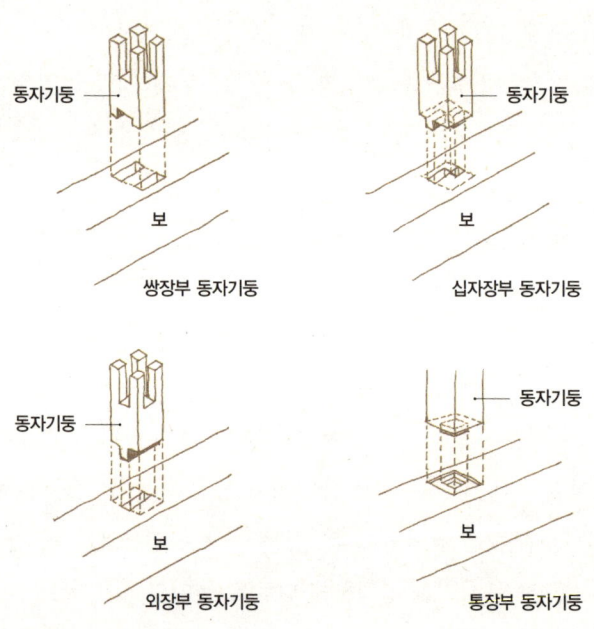

동자대공인데 살짝 흘림을 주어 모양을 냈다.

굴도리를 받는 동자대공이다. 굴도리 아래로 장여를 끼우도록 장부 홈을 팠다.

동자기둥과 판대공. _횡성 유평리 현장

동자대공에는 다른 나무로 촉을 만들어 끼우기도 하고 대공 몸에서 촉을 내기도 한다. 판대공은 촉을 가로보다 세로가 긴 긴네모꼴로 만들고 보와 대공에 1치 넘게 물린다.

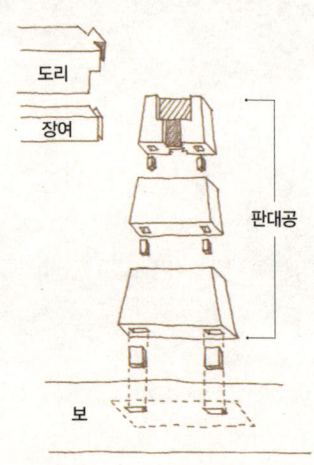

대공 머리 부분은 장여와 주먹장맞춤 한다. 집 양쪽 박공 쪽 대공에는 장여를 통 넣기 해 길게 빠지도록 한다. 장여와 맞춤 한 대공은 도리 춤 절반까지 오도록 맞춤 한다.

도리는 판대공 머리에서 통 넣고 반턱주먹장맞춤 한다. 그리고 동자대공에서는 도리를 장여 너비만큼 통 따 넣고 도리끼리 반턱주먹장맞춤 한다. 동자기둥 끝머리는 도리 폭에 가깝게 도리 바닥 선에서 흘림을 주거나 위쪽을 접어 주면 보기 좋다.

판대공은 두꺼운 판재를 여러 층 쌓아 올려 만들기 때문에 판재들이 움직이지 않도록 층마다 촉이음을 한다. 촉이음을 하면서 판대공 전체를 위아래로 전선볼트로 이어 단단히 묶어 두기도 한다. 판대공과 판대공 사이에 뜬창방을 쓰기도 한다. 판대공이 오래도록 잘 서 있게 하기 위해서다.

판대공을 보에 맞춤하기 전에 뒤틀린 부분을 손봐야 한다. 판대공을 맞춰 끼운 뒤에 곧바로 세워졌는지를 확인하고 기울어진 부분을 바로잡아 두는 것이 좋다.

도리

도리는 기둥머리를 잡아 준다 보를 맞추고 나면 곧바로 **도리**를 끼운다. 도리는 기둥과 기둥 윗머리를 잇는 부재로, 위에 서까래를 얹어 지붕 무게를 받는다. 보머리 위에 자리 잡은 도리는 지붕 무게를 기둥으로 전달한다. 도리가 바깥기둥 위에 있으면 **처마도리**라 하고, 지붕 끝머리에 있으면 **상도리**라 한다. 상도리와 처마도리 가운데에 있는 **중도리**는 마룻보에 얹어져 지붕 무게를 아래로 전한다.

집이 커질수록 도리 개수는 늘어난다. 옆자른면에서 보았을 때 도리가 세 개면 삼량집이 되고, 다섯 개면 오량집이 된다. 옛 시골집을 다니다 보면, 가끔 도리가 네 개면서 천정 서까래를 짧게 평으로 건 평사량집도 보인다. 중도리와 중도리에 평으로 서까래를 걸고 상도리 없이 그 위로 잡목과 짚, 억새 따위로 빈 공간을 채워 지붕을 만든 것이다. 이렇게 하면 집도 커지면서 추위도 막을 수 있다.

도리는 모양에 따라 납도리, 굴도리로 나누고, 자리나 쓰임에 따라 처마도리, 중도리, 상도리, 외기도리로 나눌 수 있다. 이들 도리는 모두 서까래를 얹어 지붕을 만들며 그 무게를 받는다.

납도리는 자른면이 네모난 도리다. 보통 살림집에서 가장 많이 쓴다. 만들어 짜기에 손쉽고 보기에 안정감이 있다. 그래서 여러 건축물에 두루

● 삼량집

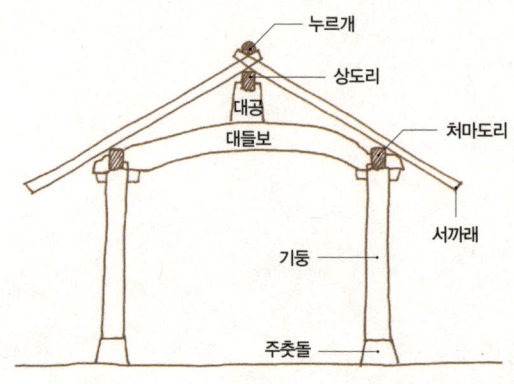

● 겹처마 오량집

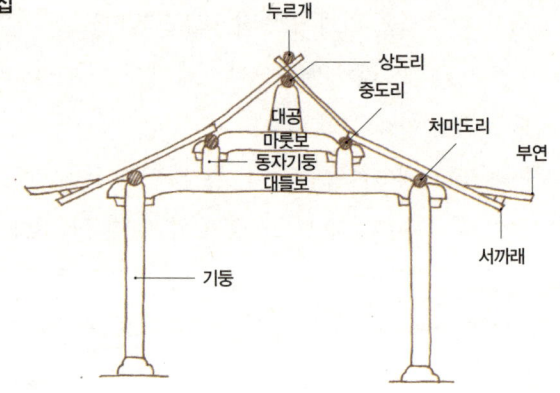

쓴다.

굴도리는 자른 면이 동그란 도리다. 납도리보다 튼튼하고, 손이 더 많이 간다. 보통 익공집이나 보다 큰 격식 있는 집을 지을 때 쓴다. 굴도리가 좋은 점은 뒤틀림에 큰 영향을 받지 않는다는 것이다. 굴도리는 자른 면이 동그래서 뒤틀리더라도 본래 모습을 간직할 수 있다.

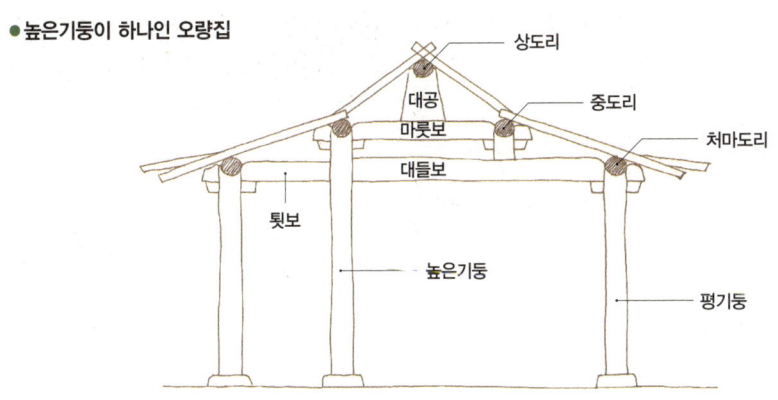

● 높은기둥이 하나인 오량집

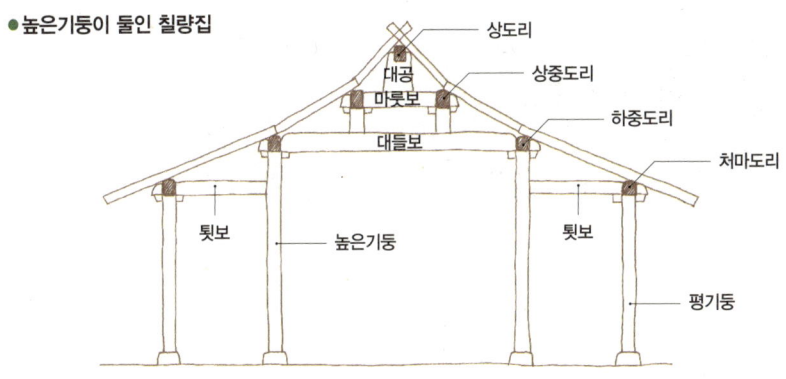

● 높은기둥이 둘인 칠량집

　납도리든 굴도리든 나무 등과 배를 가려서 써야 한다. 보통 등 쪽이 휘어 오르게 되므로 등 쪽으로 지붕 무게를 받도록 한다.
　처마도리는 집 바깥쪽을 감싸는 기둥과 보에 직접 짜기 때문에 지붕 무게를 가장 많이 받는다. 그래서 크고 튼튼한 부재를 써야 한다. 도리 위로는 처마서까래를 거는데, 이 처마서까래가 도리 바깥쪽으로 빠져나가 지

왼쪽: 납도리. 주먹장은 도리끼리 맞춤 하고 아래 주먹장은 보목에 맞춤 한다.
오른쪽: 납도리를 보 숭어턱 위로 주먹장맞춤 했다. _서울 필운동 현장

왼쪽: 굴도리. 윗부분은 도리끼리 맞춤 하고 아랫부분은 보 숭어턱에 맞댄다.
오른쪽: 오량 굴도리를 짰다. _영덕 영천 이씨 재실 현장

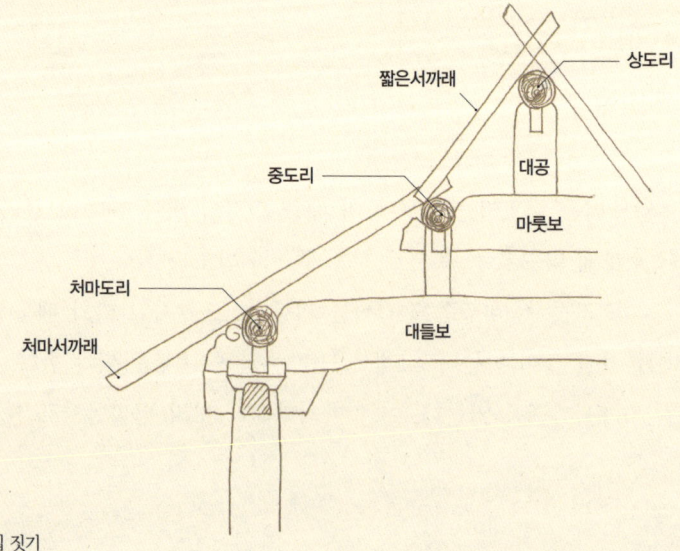

충량 위 대공에 외기도리를 올리고 좌우로 중도리를 맞춤 했다. 이를 왕지도리라 한다. 이 왕지도리에 추녀를 얹는다. _영덕 영천 이씨 재실 현장

붕 처마를 만든다.('처마서까래'에 관해서는 140쪽에 나온다.) 처마도리를 '주심도리' 또는 '아랫도리'라고도 한다.

상도리는 대들보나 마룻보 위 대공 끝머리에 얹는다. 마룻도리 위에 서까래를 걸고 지붕을 만들게 된다. 상도리를 '마룻도리', '상량'이라고도 하는데 흔히 상량문을 쓰고 상량식을 하는 도리가 바로 상도리다. 상도리에 건 서까래 위로 다시 누르개를 걸치고 양쪽 옆면에 박공을 박아 댄다.

중도리는 오량집에서는 마룻보, 칠량집에서는 중보에 거는 도리다. 중도리에서 처마서까래 뒤 끝과 짧은서까래 앞머리가 서로 겹쳐져 만난다.

외기도리는 팔작지붕 집 중도리와 직각으로 맞춤하고, 집 좌우 옆면에 있는 처마서까래와 추녀를 받는다. 중도리와 외기도리를 십자꼴로 맞춤 해 추녀 뒷부분을 걸 수 있도록 한 전체 틀을 '왕지도리'라 하고, 그러한 맞춤을 '왕지'라 한다. 외기도리는 왕지 부분에 추녀 뒤꼬리를 얹어 선자서까래 중심점이 되고 옆면 지붕 무게를 많이 받는다.

●

도리 만들기   도리 크기는 어떻게 정할까? 먼저 네모꼴 도리인 납도리

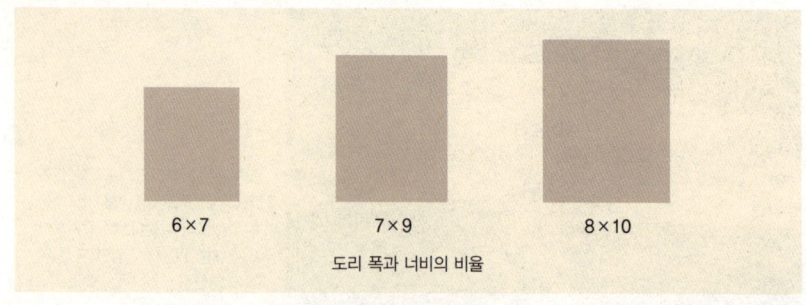
도리 폭과 너비의 비율

크기를 알아보자. 처마도리에는 지붕 무게가 모두 모이므로 크기와 길이를 정할 때 신중해야 한다. 폭은 기둥 폭과 같게 하거나 약간(30mm 정도) 작게 한다.

도리 길이는 기둥 간사이에 따른다. 귀기둥이나 맞배집처럼 뺄목이 있을 때는 기둥 간사이에 뺄목 길이만큼을 더하면 된다.

보통 도리 폭에 1치에서 2치 정도 더해 춤을 정한다. 하지만 꼭 그렇게 해야 하는 것은 아니다. 다만 도리 춤을 폭보다 크게 하고 도리 폭은 기둥 지름보다 크게 하지 않아야 한다.

도리 춤을 한 자 넘게 쓰는 것은 부재를 지나치게 쓰는 것 같다. 간사이가 여덟 자를 넘을 때는 도리 밑에 장여를 받치면 튼튼한 살림집을 지을 수 있다.

중도리와 상도리는 처마도리보다 작게 써도 괜찮다. 그만큼 무게에 대한 부담이 덜하기 때문이다. 보통 기둥보다 작은 동자기둥 폭과 같은 크기로 쓰거나 한 치 정도 작게 쓴다.

둥근꼴 굴도리는 큰 집에 많이 쓰므로 굴도리 지름을 작게 쓰는 경우가 드물다. 굴도리는 지름 8치 넘게 쓰는 것이 보통이고 도리 아래엔 장여를 받친다.

네모기둥일 때는, 굴도리 지름을 기둥 폭보다 조금 크게(한 치에서 두 치 정도) 쓰는 것이 좋다. 원기둥일 때는 기둥 윗부분 지름보다 두 치 정도 작게 한다. 하지만 굴도리 크기는 기둥 크기에 따르기보다는 기둥 사이 거리 곧 도리 길이에 따르는 것이 좋다. 보통 굴도리 지름은 도리 길이의 10분의 1에서 12분의 1 정도면 무난하다.

●

도리 걸기   도리는 지붕 무게를 받는 부재이므로 아래로 처지게 된다. 이를 보완하기 위해 부재 등 쪽을 도리 윗면으로 쓴다. 길게 자른 목재는 등 쪽이 휘어 오르기 때문이다.

납도리는 서까래 물매에 맞게 모를 접어 주어야 서까래를 안정되게 걸 수 있다. 처마도리와 중도리, 상도리 위 모서리를 서까래가 걸리는 부분에 모를 접어 주어야 한다.

도리를 걸 때는, 집 바깥쪽으로 나무뿌리 쪽(원구)을 놓고, 집 안쪽으로 나무 가지 쪽(말구)을 놓는다. 또 동쪽에 뿌리 쪽을, 서쪽에 가지 쪽을 놓는다. 이렇게 하는 것은 나무가 자라던 환경과 관련이 있다. 나무의 위아래를 구분하여 부재를 쓰면 꼬이거나 터짐이 적다고들 한다. 옛 어른들은 집을 지을 때 동네 뒷산에서 기둥감으로 나무를 잘라올 때 나무의 자란 방향을 표시한 뒤 다듬어 기둥으로 쓸 때도 자란 방향 그대로 세웠다고 하는데, 사실이라기보다는 그만큼 나무 쓰는 방향에 신경을 많이 썼다는 것을 뜻한다.

●

장여, 도리를 받치는 든든한 버팀목   장여는 도리 아래와 맞닿게 놓

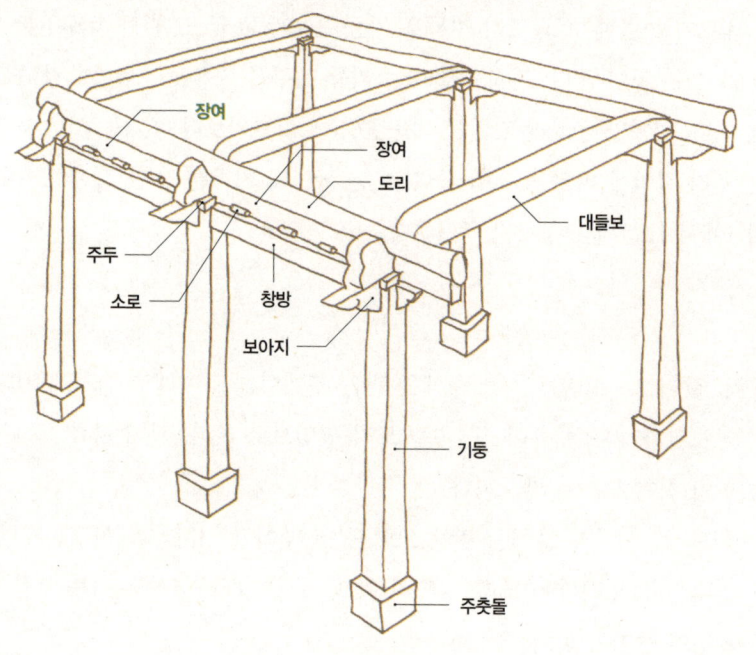

　는 부재다. 도리가 받는 지붕 무게를 장여가 아래에서 받쳐 준다. 도리 길이가 길거나 도리가 작을 때는 장여를 써서 도리가 처지는 것을 막는다. 초가집이나 삼문처럼 작은 집이나 건물에는 장여가 없는 경우도 있다. 살림집을 지을 때는 더 튼튼하게 하기 위해서 도리 아래 장여를 받치는 것이 좋다. 장여는 도리를 든든히 받쳐 주고, 더불어 벽체를 만들고 마감하는 기준이 된다.

　장여 폭은 벽 두께를 따르고 어떤 경우라도 도리 폭보다 크게 하지 않는다. 춤은 폭보다 두 치 정도 크게 하는데, 장여 높이를 달리 해 도리 높이를 조절할 수 있다. 장여는 도리를 받는 부재이므로 도리와 비슷한 길이로 만든다. 짜임도 도리와 비슷하게 하는데, 귀기둥 위에서는 서로 반턱맞춤 하며, 평기둥 사이에서는 보목이나 보아지에 주먹장맞춤 한다. 기둥 사개에 주먹장맞춤 하기도 하는데 기둥 사개가 부서질 수 있으므로 권하고 싶지 않다.

  둥근 굴도리와 네모진 장여 사이에는 틈이 생기게 마련이다. 이 부분을 처리하는 두 가지 방법있다. 하나는 굴도리에 맞게 장여 윗면을 둥글게 파내는 방법이다. 또 하나는 굴도리 바닥을 장여 폭에 맞게 평으로 깎아내는 방법이다. 두 가지 방식 가운데 더 좋은 것은 굴도리에 맞게 장여 윗면을 둥글게 파는 것이다. 이렇게 하면 장여가 굴도리를 감싸주어 비틀리고 벌어지는 것이 덜하기 때문이다. 세월이 흐르면 서로 비틀리고 처져서 도리와 장여 사이에 틈이 벌어지고 바깥 공기가 바로 들어올 수 있다. 그래서 장여와 도리 사이에 긴 나무각재나 백업제를 집어넣는다. 장여에 긴 장부를 내고 도리에 긴 장부 홈을 파서 서로 맞춤이 되도록 하면 더 좋겠지만, 이렇게 하려면 목수들 품이 너무 많이 들어간다.

머리를 얹는다

추녀
서까래
평고대
사래와 부연
개판
지붕 만들기
기와

추녀

추녀는 큰 서까래다 도리까지 얹고 나면 집 뼈대를 다 맞춘 셈이다. 이제 지붕을 만들어야 한다. 지붕 공사는 추녀를 걸면서 시작한다.

추녀는 귀기둥 왕지도리 위에 걸치는 큰 서까래다. 귀기둥 위에 걸기 때문에 '귀서까래'라고 할 수 있다. 서까래는 지붕 무게를 바로 받는 부재이며 귀기둥에는 지붕 무게가 더 많이 실린다. 그래서 추녀는 큰 부재로 만든다.

처마 선 안허리가 멋지게 보인다. _광주 안씨 종갓집 현장

추녀 쪽으로 처마 선이 시원하게 올라가 앙곡이 잘 드러나 보인다. _양동 마을 무첨당

한옥 지붕을 보면 처마 선이 양옆으로 갈수록 높아지면서 아름다운 곡선이 된다. 추녀 끝이 번쩍 들려 보이는 것인데, 이를 '앙곡'이라 한다. 또 추녀 쪽으로 갈수록 처마 선이 바깥으로 더 빠져나오면서 부드러운 곡선이 생기는데 이를 '안허리'라 한다. 앙곡은 추녀 물매와 평서까래 물매를

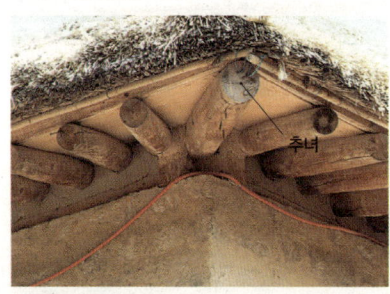

초가집 추녀. 서까래 가운데 큰 것을 추녀로 썼다. _양동 마을

홑처마집 추녀 아래에 알추녀를 덧대었다. _양동 마을 무첨당

골추녀 양 옆에 서까래를 맞댔다. _양동 마을 무첨당 　　골추녀를 걸지 않고 서까래를 서로 맞대 회첨을 만들었다. 지붕 회첨이 약해 보인다. _양동 마을 사호당 고택

다르게 해 만들고, 안허리는 귀기둥 쪽에 있는 처마를 더 길게 해서 만든다. 그래서 추녀는 다른 서까래보다 길고 많이 휘어 오르게 만든다.

　소박한 초가집을 지을 때는 추녀를 따로 만들지 않고 서까래 가운데 큰 것을 추녀로 쓰기도 했다. 예전에 추녀로 쓸 큰 부재를 구하기 쉽지 않던 때에는 '알추녀'를 쓰기도 했다. 부재가 작거나 추녀곡(추녀가 휜 정도)이 원하는 만큼 나오지 않을 때, 추녀 아래에 긴 부재를 받쳐 쓰기도 했는데 이를 '알추녀'라 한다.

　회첨에 추녀를 쓰기도 한다. 회첨은 기역자집이나 디귿자집에서 직각으로 꺾여 든 곳인데, 서로 다른 방향으로 건 서까래가 만나는 곳이다. 회첨에 쓰는 추녀를 '골추녀' 또는 '회첨추녀'라고 한다. 빗물이 모여드는 곳이기 때문에 빗물이 잘 빠져나가도록 골추녀 위로 회첨골을 만든다.

●

추녀 크기　　추녀를 만드는 데는 평서까래 길이와 물매가 바탕이 된다. 추녀 길이는 선자구간 길이와 물매, 평서까래 뺄목 길이와 안허리를 보고 정한다. 추녀 중심 높이(추녀곡)는 물매와 서까래 크기를 보고 정한다. 추

녀 폭은 살림집에서 보통 7치 정도로 한다.

선자구간 길이란, 지붕 평면도에서 처마도리 중심에서 중도리 중심까지 잰 거리를 말한다. 처마서까래 물매를 정하고 선자구간 길이를 알면 추녀 내목 길이를 정할 수 있다.

지붕 물매와 안허리는 집주인과 도편수가 의논해서 정한다. 보통 살림집 안허리는 5치에서 1자 사이가 된다. 홑처마집은 안허리를 적게 하고 겹처마집*은 이보다 크게 한다.

평서까래 뺄목 길이와 물매, 안허리를 정하고 나면 추녀 뺄목 길이를 알 수 있다. 추녀 내목 길이와 뺄목 길이를 더하고, 여기에 추녀 뒤꼬리를 1자 넘게 해서 더하면 추녀 전체 길이가 나온다.

●

추녀 만들기 먼저, 추녀를 만드는 데 쓰는 말들을 살펴보자. '추녀곡'은 처마도리 왕지에 앉히는 추녀 중심 부분 높이(134쪽 그림의 점 B와 점 D의 직선거리)를 말한다. 이 추녀곡이 처마선의 모양을 결정하게 된다. 추녀머리는 평고대를 얹는 추녀 앞부분을 말한다. 추녀머리에는 '게눈각'이라는 둥글게 말린 덩굴줄기 모양을 조각해 넣기도 한다. 추녀 뒤꼬리는 추녀 내목에서 중도리왕지에 얹는 뒷부분을 말한다. 추녀 뒤꼬리에 추녀 앞머리가 쳐지지 않도록 강다리를 넣거나 전산볼트로 중도리왕지와 단단히 묶어 둔다.

추녀곡과 내목 길이, 뺄목 길이를 알면 추녀에 먹을 놓는다. 보통 살림

---

* '홑처마집'은 처마가 하나로 이루어지는 집이고, '겹처마집'은 처마가 겹으로 된 집이다. 홑처마집은 서까래를 걸어 만들고, 겹처마집은 서까래와 부연을 겹으로 건다.

집에서 추녀곡은 1.3자 정도가 되는데, 도편수가 집 모양새나 앉은 자리에 따라 정한다. 경험 많은 도편수는 그 집에 가잘 어울리는 멋진 추녀를 만들 수 있다.

"추녀 먹놓고 만들게."

목수 일을 하다 보면, 이 말을 들을 날이 있을 것이다. 추녀에 먹놓고 만들라는 말, 목수는 항상 집을 짓는 방향에 대해 생각하고 미리 계획해야 한다는 말이다. 도편수든 초보 목수든 마찬가지다. 추녀 먹을 어떻게 놓느냐에 따라 집 머리인 지붕 모양이 달라진다. 머릿속에 그린 집을 실제로도 멋스럽게 짓기 위해 추녀를 잘 만들고 걸어야 한다.

추녀를 만들려면 먼저, 선자구간의 거리, 물매, 처마서까래 굵기와 뺄목 길이 들을 정한 뒤 추녀도를 그려야 한다.

1) 추녀 부재를 눕혀 놓고 부재 등 쪽에 점 A와 점 C를 잇는 등허리 먹(먹1)을 놓는다. 이때 추녀 머리에 사래를 평평하게 앉힐 길이(보통 뺄목 $\overline{BC}$ 길이 정도가 된다)가 나오도록 하고, 추녀 뒤꼬리 쪽이 1자가 넘는지 확인한다.

2) 점 A와 점 D를 지나는 추녀 바닥 먹(먹2)을 친다. 이때, 추녀곡인 $\overline{BD}$가 400mm가 되도록 한다.

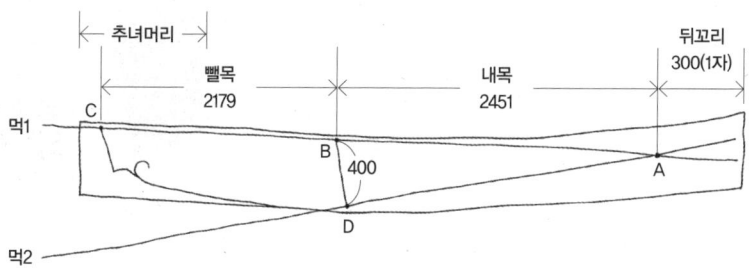

3) 이제 추녀 앞머리를 만들 차례다. 광주 안씨 종갓집 사랑채를 예로 들어 보자. 이 집은 추녀 앞머리 폭을 7치, 높이를 9치로 했고 아래를 1치 정도 둥글게 말아 모양을 냈다. 추녀 앞머리에는 따로 조각을 하지 않았고 아래는 2치 정도 빗 잘라 마감했다. 보통 추녀 앞부분은 먹본을 만들어 모든 추녀들이 같은 모양이 되게 한다. 추녀 앞머리 춤은 홑처마일 때는 추녀 폭 7치의 1.4배(9.8치) 정도, 겹처마일 때는 폭의 1.2배(8.4치) 정도로 하면 보기 좋다.

4) 추녀 부재를 뒤집어 반대쪽에도 먹을 놓은 다음, 필요 없는 부분을 톱으로 잘라낸다. 추녀 뒤꼬리는 될 수 있으면 잘라내지 않고 한 자 넘게 남겨 두는 것이 좋고, 사래를 얹지 않는 위 등도 깎지 말고 나무껍질만 벗긴 채 두는 것이 좋다.

5) 추녀 뒤꼬리에 구멍을 뚫어 전산볼트나 강다리로 도리, 장여와 함께 묶을 수 있도록 한다.

한옥이 아름답다고 하면서, 흔히 멋진 처마 선을 떠올린다. 하지만 처음 집을 지을 때 만든 아름다운 처마 선은 시간이 갈수록 못나게 된다.

추녀 앞머리. 게눈각을 새겨 모양을 냈다.

추녀 앞머리를 만드는 데 쓰는 본. 이 본을 써서 모든 추녀를 같은 모양으로 만든다.

도리와 장여, 추녀 뒤초리를 전산 볼트로 단단히 묶었다. _제천 금성면 현장

못난이가 되는 원인은 여러 가지다. 추녀가 처지고, 귀기둥이 내려앉고, 평서까래가 뒤틀리고, 기초가 가라앉아서다.

하지만 이런 문제들을 막을 수 있다. 처음부터 집터 기초를 단단히 하고, 귀기둥은 귀솟음을 하고, 서까래는 등배를 구분해서 나이를 매겨 건다. 또, 추녀가 앉는 왕지도리에 추녀를 그레질해 옆으로 움직이지 않도록 추

추녀 그렝이를 왕지도리에 뜨고 그레질을 한다. 추녀를 바로 세워 그레질을 한 뒤 왕지도리에 앉히면 지붕 처마 선이 오래도록 아름답다. _고창 읍성 한옥 체험 마을

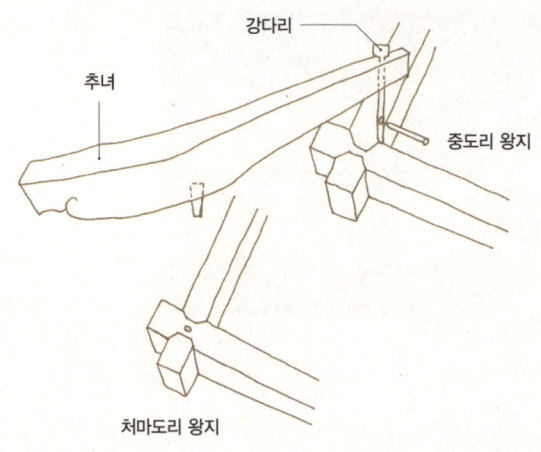

추녀 자리를 파 준 다음 왕지도리에 앉히면 지붕 처마 선을 오래 지킬 수 있다. 추녀 가운데에는 촉을 박는다. 또 추녀 뒤꼬리를 단단히 묶어 두면 아름다운 처마 선을 오래도록 지킬 수 있다.

추녀에 강다리를 끼워 추녀가 앞으로 쏟아지는 것을 막았다. _문경 지취헌 보수 현장

추녀를 묶는 옛 어른들 지혜가 있다. 바로 '강다리'라는 것이다. 강다리는 비녀처럼 생긴 굵은 나무인데, 추녀 뒤꼬리에 구멍을 뚫고 강다리를 끼워 추녀가 앞으로 쏟아지는 것을 막았다. 요즘은 강다리 대신 전산볼트로 간단히 채워 묶는 방법을 많이 쓴다. 현장에서 전산볼트를 채워 보니 무거운 추녀를 감당하기에는 부족했다. 그래서 추녀 중심에 촉을 박고 왕지에 꽂아 두어 앞으로 쏟아지는 것을 막는다.

갈모산방

추녀는 크고, 많이 휜 부재다. 선자서까래는 작고, 덜 휜 부재이다. 그래서 추녀와 선자서까래 앞머리는 높이 차가 많이 난다. 이 높이를 자연스런 곡선이 되도록 추녀 옆에 붙여 선자서까래를 받치는 길쭉한 세모꼴 나무가 바로 '갈모산방'이다. 갈모산방에 태운 선자서까래는 학 날개처럼 우아해 보인다.

서까래

지붕을 만드는 뼈대, 서까래 추녀를 걸고 나면 매기를 잡아 서까래를 건다. **서까래**는 지붕을 만드는 뼈대가 된다. 서까래 위로 기와나 이엉, 굴피나 너와를 얹어서 눈비나 바람을 막아 집안을 보호한다. 서까래를 도리 위에 비스듬하게 걸면 천정 위로 세모꼴 공간이 생긴다. 이 공간이 방 안 온도와 습도를 조절한다. 또 서까래가 밖으로 뻗어 나와 처마를 만들어 강한 햇빛을 가리고 눈비를 막는다.

서까래는 아름다운 처마 선을 만들기도 한다. 서양 건축과 달리 한옥에는 장식을 위한 부재가 거의 없다. 모든 부재를 필요에 따라 만들어 쓰고, 그 부재를 보기 좋은 비율로 두고 재치 있게 공간을 나누어 아름다움을 만들어낸다. 한옥을 보고 아름답다고 하면서 모두들 첫손으로 꼽는 것이 처마 선이 아닐까 싶다. 아름다운 처마 선을 만들려면 서까래를 잘 깎아 제대로 걸어야 한다. 날렵한 서까래 하나하나가 모여 만든 처마 선은 집 둘레 풍경을 더욱 아름답게 만든다. 그래서였을까, 어느 대목수는 일정이 아무리 바쁘더라도 서까래만큼은 본모습으로 깎고 제대로 걸어야 한다고 정색한다. 그 마음 참 제대로다.

처마 선이 위엄 있어 보인다. _수원 화성 신풍루

처마 선이 날렵하고 시원스럽지만 가벼워 보이지 않는다. _양동 마을 심수정

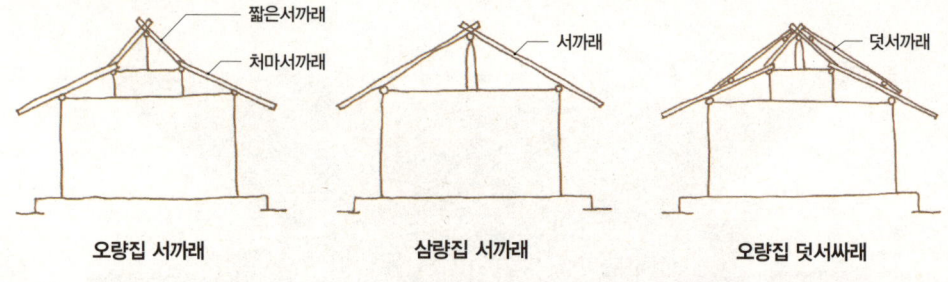

오량집 서까래   삼량집 서까래   오량집 덧서까래

●

여러 가지 서까래   서까래는 거는 자리에 따라 이름이 다르고 그 쓰임도 다르다. 중도리와 처마도리에 걸치는 서까래를 **처마서까래**, '긴서까래', '장연'이라 한다. 상도리와 중도리에 걸치는 서까래는 **짧은서까래**, '단연', '동연'이라 한다. 삼량집에는 처마도리와 종도리에 처마서까래를 걸고 중도리가 없으므로 짧은서까래가 없다.

　오량집이나 보다 큰 집에서 긴서까래 물매와 짧은서까래 물매 차이가 크면 적심과 흙●이 많이 필요하고 지붕 일도 힘들어진다. 이를 피하기 위해 처마서까래와 짧은서까래 사이에 나무껍질만 벗긴 서까래를 거는데 이를 **덧서까래**라 한다. 덧서까래를 걸면 지붕 물매도 자연스럽게 잡을 수 있고 단열에도 좋다. 처마서까래와 덧서까래만으로 집을 짓기도 한다. 경상북도 청도에 있는 절 대비사 요사채는 오량 맞배 겹처마집이다. 짧은서까래 없이 처마서까래와 덧서까래로 지붕을 만들었다. 천장은 모두 반자로 처리해서 보기에 무리가 없었다.

● '적심'은 지붕 물매를 잡고 서까래를 눌러 주기 위해 채워 넣는 나무토막이고, '흙'은 지붕 선이 자연스럽게 되도록 기와를 이기 전에 지붕 위에 골고루 깔아 놓는 흙으로 '보토'라고 한다.

덧서까래를 걸었다. _파주 현장

짧은서까래를 걸지 않고 처마서까래와 덧서까래를 건 흔치 않은 건물이다. _대비사 요사채 현장

또, 평기둥 위쪽에 거는 서까래를 **평서까래**라 하고 귀기둥 쪽에 거는 서까래를 **선자서까래**라고 한다. 선자서까래를 '귀서까래', '선자연'라고도 한다. 선자서까래에는 정선자가 있고 빗선자, 말굽선자가 있다. 선자서까래는 거는 자리에 따라 크기와 모양이 조금씩 다르므로 모두 따로 재 보고 만들어야 해서 일손이 많이 든다. **정선자**는 뺄목이나 내목 모두 보기 좋게 정성들여 만든다. 도리 위 갈모산방에서 시작하는 뺄목은 바닥면과 양 옆면을 곡선으로 날렵하게 깎아 멋을 낸다. 또한 방안 쪽 서까래 뒷부분도 부챗살 꼴로 빈틈없이 만들어 붙여야 한다.

빗선자는 보통 서까래를 정선자 부챗살처럼 만들어 붙이는 선자다. 하지만 평서까래 선자로 쓰기 때문에 갈모산방 앞뒤로 빈 공간이 생긴다. 그래서 빗선자는 서까래 가운데 큰 것을 골라 쓴다.

말굽선자는 '마족연'이라고도 하는데 현장에서는 '막선자'라고도 한다. 추녀에 일정 간격을 두고 듬성듬성 붙여 댄다. 추녀와 선자의 붙임 면이 뜨지 않도록 선자 붙임면 가운데를 조금 파낸다. 가운데를 파낸 붙임 면이 꼭 말굽처럼 생겼다고 해서 말굽선자라는 이름이 붙었다고 한다.

정선자든, 빗선자든, 말굽선자든 선자서까래는 지붕 무게를 평서까래보

정선자로 선자서까래 몸통을 잘 다듬었다. _남산골 한옥마을 박영효 가옥

추녀 양옆에 빗선자를 걸었다. 빗선자는 평서까래 가운데 조금 굵은 것을 골라 쓰면 된다. _제천 금성면 현장

말굽선자_영덕 영천 이씨 재실 현장

선자서까래를 막선자로 걸고 안쪽은 판선자로 마감했다. _영덕 영천 이씨 재실 현장

다 많이 받는다. 그래서 선자서까래를 붙여 댈 때는 연정을 쳐서 추녀와 갈모산방에 단단히 고정해야 한다.

대충 걸린 선자서까래 내목을 가려 천장을 마감하는 '판선자'라는 것이 있다. 판선자는 서까래가 아니다. 빗선자나 말굽선자로 선자구간을 꾸미면 아무래도 내목 쪽이 보기 좋지 않다. 그래서 안쪽에 정선자 내목과 같은 모양으로 판재를 켠 뒤 이들을 맞대어서 붙인다. 이렇게 하면 천장이 깔끔해진다. 다만 시간이 지나면서 판선자 사이에 틈이 벌어진다는 점을 알아

두어야 한다.

서까래 굵기와 뺄목   서까래 크기는 집 규모에 따라 달라진다. 서까래 길이는 기둥 높이와 분작법에 따라 달라지고, 서까래 굵기는 지붕 무게에 따라 달라진다.

서까래 굵기는 보통 기둥 굵기의 2분의 1이나 3분의 2 정도로 쓰는데 지붕 무게를 받으므로 육송을 둥글게 깎아 쓴다. 이삼십 평 정도 되는 살림집에서는 서까래 마구리 지름을 4치에서 4.5치 정도 굵기를 많이 쓰고, 열다섯 평이 안 되는 집은 지름 3.5치 정도를 쓴다. 기둥 높이가 12자 정도 되고 뺄목 길이가 4자가 넘는 경우라도 지름 5치면 충분하다. 굵은 서까래로 쓸데없이 지붕을 무겁게 할 필요는 없지만, 뺄목(처마 깊이)이 있으므로 어느 정도 굵기는 되어야 한다. 작은 집이라도 지름 3.5치는 넘어야 한다. 이는 전통 토기와로 지붕을 만들 때 이야기다. 건식 지붕*으로 할 때는 지붕이 가벼워지므로 서까래를 조금 가늘게 (5푼 정도 줄여서) 써

---

* 전통 한식 기와는 기와를 이을 때 진흙, 모래, 생석회를 물과 함께 섞어 찰진 흙으로 기와를 인다. '건식 지붕'은 콘크리트 기와나 수입 기와를 써서 흙이나 적심 없이 단열재와 방수포를 깔고 긴 나무 각재로 물매를 잡아 각재에 기와를 못 박아 인다. 건식 지붕은 수명이 그리 길지 않다.

도 괜찮다.

서까래 뺄목 길이는 물매와 기둥 길이(높이)를 보고 정한다. 서울에서는 태양 입사각이 동지 정오 때 29도, 하지에 76도가 된다. 보통 살림집이라면, 서까래 4.5치 물매에 기둥 높이가 열 자쯤이면 서까래 뺄목은 세 자가 넘으면 된다. 뺄목 길이에 처마도리에서 중도리까지의 거리, 곧 내목 길이를 더하면 처마서까래 길이를 정할 수 있다.

짧은서까래 길이는 중도리와 상도리 사이의 거리와 물매를 알면 계산할 수 있다. 예를 들어, 물매가 8치, 중도리와 상도리 사이가 4자라면 짧은서까래는 5.1자가 되는데 여기에 용마루 누르개를 얹을 수 있게 뒤꼬리 5치 정도를 더해 5.6자가 된다.

●

서까래 깎기 서까래는 처마 선을 만들고 지붕 무게를 받는 부재이므로 튼튼하고 아름답게 만들어야 한다.

파주 삼릉에 있는 매표소를 예로 들어 보자. 4치 처마서까래를 썼고, 서까래 사이는 개판으로 마감했다. 서까래 앞머리는 3치5푼으로 만들고 점점 굵기를 키워 앞머리로부터 1.5자 정도 되는 부분부터는 4치를 맞춰 서까래 앞머리를 날렵하고 예쁘게 만들었다. 이렇게 처마서까래 끝을 비스

서까래 앞머리 부분을 소매걷이했다.

듬하게 깎는 것을 '걷이'라고 한다. 개판은 곧은 판재이므로 서까래 위 등이 울퉁불퉁하면 못 박아 붙이기가 어렵다. 그래서 위 등 부분은 되도록 평평하게 만들었다.

짧은서까래는 위아래 굵기를 같게 다듬으면 된다. 다만 많이 휘거나 뒤틀린 나무는 쓰지 않아야 한다.

서까래를 평고대에 걸었을 때 평고대 앞면에서 5푼에서 1치 정도 더 빠져나오도록 한 뒤 비스듬히 자른다. 자를 때 서까래 위 등에서 아래쪽으로 박공 끝머리 빗자른 기울기와 비슷하게 자른다. 선자서까래도 평서까래와 같이 평고대 앞면에서 서까래 길이 쪽에 직각으로 빗 자른다. 평서까래와 같은 정도로 빗 잘라도 되는데, 1푼에서 2푼 정도 더 빗 자르면 더 날렵해 보인다.

서까래를 깎을 때는, 눈에 보이는 부분은 반드시 손대패로 마무리해 정성을 기울여야 한다. 눈에 보이지 않는 부분도 삭정이나 껍질은 꼭 없애고 벌레 구멍은 나무로 메워야 한다. 겨울에 치목해서 바람이 잘 통하는 그늘에 말리면 여름에도 곰팡이가 피지 않는다.

●

선자서까래 만들기 선자서까래를 만들기 전에 선자도를 그려서 서까래 길이와 굵기를 하나하나 알아둬야 한다. 선자도는 선자구간 길이와 물매, 처마서까래 뺄목 길이, 추녀 폭을 알면 그릴 수 있다.

이 도면을 살펴보면 선자도에 필요한 치수를 알 수 있다. 처마서까래 물매는 4.4치다. 이를 바탕으로 선자도를 그려 보았다. (146쪽 사진)

이 선자도는 서까래 실제 길이를 알 수 있도록 그려서 도면 길이대로 선자서까래를 미리 깎아 둘 수 있어 아주 편하다.

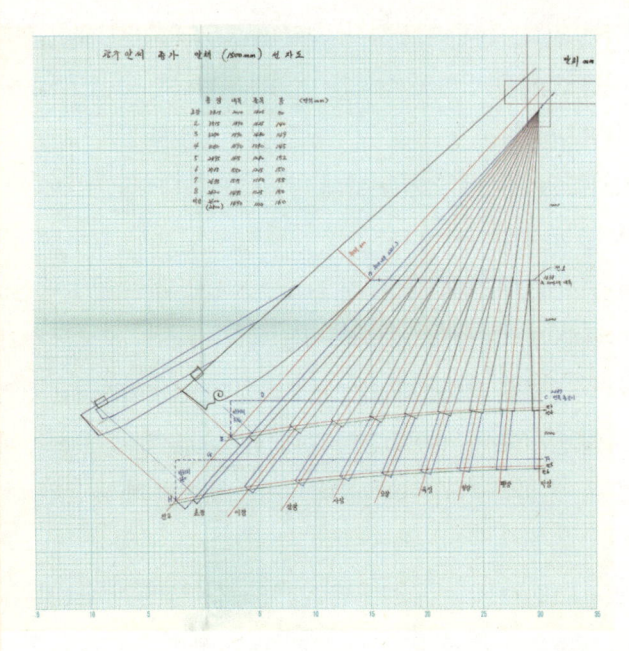

선자도를 그려서 서까래 길이와 굵기를 미리 정했다. _광주 안씨 종갓집 안채

서까래 크기를 적어 놓았다.   선자서까래에 먹을 놓고 있다.   선자 서까래를 깎고 있다. _양평 도장리 현장

●

서까래 나이 매기기   서까래는 저마다 휘어진 상태가 다르다. 그래서 두서없이 서까래를 걸다 보면 처마도리를 깎아 내야 하기도 하고 반대로 처마도리와 서까래에 받침목을 끼워 대는 경우도 생긴다. 이미 평고대로 매기를 잡아 놓은 뒤이기 때문에 (평고대에 관해서는 150쪽에 나온다.) 아름답고 자연스런 처마 선을 만들기 위해서 어쩔 수 없이 이런 일들 하기도 한다. 이런 일을 줄이기 위해 서까래에 나이를 매긴다. '서까래에 나이를 매긴다'는 것은 서까래마다 휜 정도를 재서 적어 뒀다가 현장에서 알맞은 자리에 걸 수 있도록 하는 것이다. 적게 휜 서까래를 집 가운데에 쓰고, 많이 휜 서까래를 집 양쪽 끝에 걸고, 적당히 휜 서까래를 그 사이사이에 건다. 이렇게 하면 아름다운 처마 선을 만들 수 있다.

서까래에 나이를 매기기 위해서 좌판을 만들어야 한다.

눈금 자판에 서까래 앞마구리를 밀어 넣어 휜 정도를 재 나이를 적는다.

서까래에 나이를 매겨 적어 두었다.

- **서까래 걸기** 서까래는 평고대로 처마 선을 만든 다음 걸어 나간다. 서까래는 평고대에 닿을락 말락 하게 걸어야 매기 잡은 처마 선이 흩어지지 않는다. 또 될 수 있으면 서까래 아래에 받침목을 괴지 않도록 하고, 서까래가 너무 많이 휘어져서 도리 등을 깎아 내지 않아야 좋다. 그러기 위해서는 서까래 굽은 모양을 보고 알맞은 곳에 서까래를 걸도록 해야 한다. 서까래를 걸기 전에 처마서까래 물매와 선자구간 길이와 서까래가 휜 정도를 종합해 도면을 그려 보면, 앙곡을 알 수 있어 좋고, 손볼 일도 적어진다. 또 하나, 서까래가 휘는 방향을 생각하며 서까래를 걸어야 한다. 보통 육송은 등 쪽으로 휘어 오르므로 나무 등 쪽이 아래로 가도록 서까래를 걸어야 처마가 처져 내리는 것을 막을 수 있다.

- **선자서까래 걸기** 현장에서 선자서까래를 거는 방법은 몇 가지가 있다.

  먼저, 초장부터 막장까지 모든 선자서까래를 미리 치목한 뒤, 집을 짤 때 조금만 손을 봐서 거는 방법이 있다. 이는 선자서까래 내목과 뺄목, 휜 정도, 갈모산방에 거는 부분 치수를 모두 계산해 그대로 서까래를 깎아 거는 방법이다.

  다음은 현장에서 가장 많이 쓰는 방법으로, 대충 선자서까래 모양만 만들어 현장에서 하나하나 재 가면서 세밀한 부분을 만들어 거는 방법이다.

  또 다른 방법으로 선자서까래를 미리 만들지 않고 현장에서 눈대중으로 만들어 붙이는 경우가 있다. 말굽선자를 그렇게 건다.

  지붕 매기를 잡으면 선자서까래를 초장부터 걸어 나간다. 선자서까래는 연정을 박아 단단히 고정한다.

단골 막이 서까래와 서까래 사이를 '단골'이라 한다. 단골 막이는 도리 위 서까래 사이에 생긴 빈 공간을 흙으로 메워 막는 것을 말한다. 이 일은 아주 중요하다. 집안에 열을 가장 많이 빼앗아가는 곳이면서 손보기도 쉽지 않은 곳이기 때문이다. 옛날에는 그냥 흙으로 채워 넣었기 때문에 세월이 지나 도리가 휘어 내리고, 서까래도 말라 줄어들었다. 단골 흙이 말라 갈라지면서 단골에 틈도 생기고 떨어져 나가기도 했다. 더운 여름날이 가고 선선한 가을이 올 때까지는 별 탈 없지만 추운 눈바람이 들이치면 방이 아주 추워졌다. 하지만 겨울에는 흙일을 할 수 없으니 속절없이 추위에 당하고 살 수밖에 없다.

흙 반죽을 하면서 짚도 썰어 넣고, 서까래 사이에 긴 못을 박아 단골 흙이 떨어지지 않도록 해도 서까래와 흙 반죽이 말라 줄어들어 생기는 틈을 막을 수는 없다. 그래서 서까래에 백업제를 감고 단골 흙을 채우기도 하고, 서까래 사이 사이에 스티로폼을 오려 넣고 폼을 쏜 다음 단골 흙을 채우기도 한다. 모두 단골 틈으로 추운 바람과 벌레들이 들어오는 것을 막기 위해서다.

단골 막이 작업은 하자도 많고, 작업 과정도 쉽지 않아 계속해서 더 좋은 방법들이 생겨나고 있다. 요즘 이 단골 막이로 특허를 출원하는 건수가 늘어나고 있다. 대부분 건식으로 단골 작업을 해서, 서까래와 단골이 마르면서 줄어들어 생기는 빈틈을 없애려고 한다. 한옥으로 살림집을 지으려고 하는 사람이나, 한옥을 짓는 목수들은 이런 방법들을 눈여겨보아야 한다. 좋은 단골 막이 방법들을 새로 배워서 집 지을 때 써먹으면 집이 따뜻해질 것이다.

평고대

●

처마선을 잡아 주는 평고대 우리 나라는 봄여름가을겨울이 뚜렷하고 철이 바뀔 때는 하루 동안에도 낮과 밤에 기온 차가 크다. 이런 날씨에 알맞게 한옥 처마는 새 날개처럼 펼쳐져 있다. 처마 선은 추녀와 서까래를 고른 간격으로 나란히 놓아 만든다. 서까래를 걸기 전에 처마 선을 만드는 평고대를 걸어야 한다. 처마 선을 쉽고 아름답게 만들기 위해 네모난 긴 부재를 서까래 앞머리에 붙여 대는데 이것이 바로 **평고대**다.

 평고대에는 보통 평고대, 조로평고대가 있고, 겹처마집일 경우 평고대를 초매기, 이매기라 구분하여 부른다. **초매기**는 겹처마지붕에서 서까래 처마 선을 잡아 주고, **이매기**는 겹처마 지붕에서 부연 처마 선을 잡아 준다. (부연에 관해서는 157쪽에 나온다.) 평고대는 모든 종류의 평고대를 묶어 부르는 이름이기도 하고, 앙곡과 안허리가 심하지 않은 처마 중간 부분인 평서까래에 거는 평고대를 이르기도 한다. **조로평고대**는 선자서까래 처마 선을 잡기 위해 안으로 많이 휘어든 평고대다.

●

평고대 크기 평고대는 추녀와 서까래 위에 한 줄로 길게 걸기 때문에 지붕 처마 둘레만큼 필요하다. 그래서 될 수 있으면 긴 부재를 써서 이음

초매기는 서까래 처마 선을, 이매기는 부연 처마 선을 잡아 준다.

선자서까래 처마 선은 조로평고대로 잡는다. _광주 안씨 종갓집 현장

부분을 줄이는 것이 좋다. 평고대는 뒤쪽으로 개판을 대고, 처마 선을 만들기 위해 휘어잡는 부분이 많다. 그래서 폭과 춤이 크면 걸기 어렵고, 작으면 부러지기 쉽다. 그래서 앙곡과 안허리 변화가 심한 선자구간에는 조로평고대를 쓴다.

　보통 살림집에서는 평고대 춤을 2치 정도로 쓰고 폭은 춤에서 5푼 정도 더해 2.5치 정도로 쓴다.

　평고대를 걸고 서까래(또는 부연) 앞머리를 평고대에 못 박아 고정하며, 서까래 사이는 산자를 엮어 치받이흙을 바르거나 개판을 덮어 마감한다. 부연이 붙는 겹처마집은 초매기에 부연을 못박아 고정하고, 부연과 부연 사이는 착고를 끼워 비바람을 막는다. 예전에 지은 큰 건축물에는 부연착고 없이 평고대에 부연을 통으로 끼워 대기도 했는데, 이것을 '통평고대'라 한다.

●

평고대 만들기　　평고대는 여러 개를 이어 붙이므로 크기가 일정해야 하며 직각 또한 잘 맞아야 한다. 빨리 만들기 위해 평고대 앞면, 뒷면, 바닥면만 대패질 하는 경우가 많은데 할 수 있으면 윗면도 대패질 해서 연함*과 깔끔하게 붙도록 한다.

　부연이 있는 겹처마 지붕일 때는 초매기(조로평고대도)는 윗면 뒤쪽을 6푼에서 8푼 정도 빗 깎아 부연 물매를 잡아 준다. 이때 집 측면도와 추녀도를 그려 보아 빗 깎는 정도가 얼마인지 자세하게 알아볼 필요가 있다.

---

* '연함'은 서까래 끝에 놓는 암키와를 받기 위해 평고대 위에 덧대는 긴 나무틀이다. 암키와 바닥면과 맞도록 둥그렇게 깎아 낸다. 175쪽에 나온다.

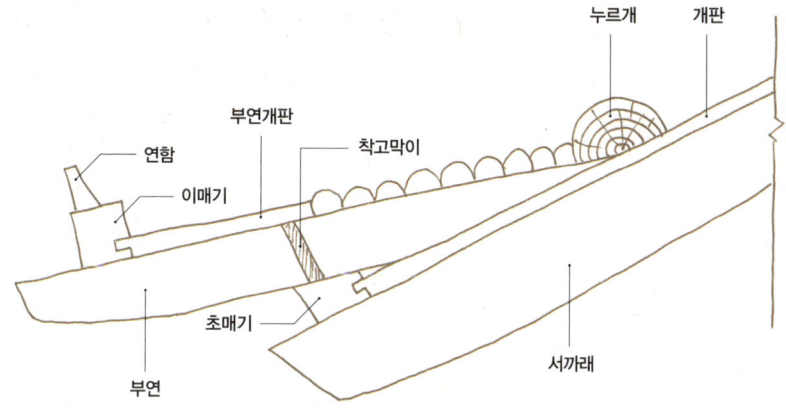

그래야 나무도 아끼고 일손도 줄일 수 있다.

평고대 뒷면에는 깊이 5푼 남짓 홈을 파서 턱솔 낸 개판을 밀어 넣어 못 박아 고정한다.

평고대는 가늘고 긴 부재끼리 이음한다. 뒤틀리지 않도록 연귀반턱으로 잇는 것이 좋다.

●

평고대 걸기 또는 매기 잡기 설계도에 지붕 물매와 안허리, 앙곡이 정해져 있으면 그에 따라 평고대와 서까래를 걸면 된다. 하지만 설계도가 있더라도 지붕 매기, 곧 처마 선을 잡는 일은 목수 몫이 된다.

맞배집 홑처마 살림집일 경우, 집 크기에 따라 다르겠지만 안허리는 거의 표가 나지 않게 1치에서 2치쯤으로 하고 앙곡은 정하지 않는다. 서까래 가운데 곧은 것을 집 가운데에 두고 많이 휜 서까래일수록 양쪽으로 걸어 나가면 앙곡은 자연스럽게 만들어진다. 추녀가 없는 맞배집 처마 양쪽 끝

맞배집 매기를 잡기 위해 평고대를 걸었다. 앙곡과 안허리가 적어서 드러나지 않는다. _파주 삼릉 매표소 현장

박공을 붙이는 곳에 거는 서까래를 '집우새'라고 하는데, 집우새는 서까래 가운데 가장 많이 휘어진 부재를 쓴다. 집우새 곡이 적을 때는 받침목을 도리 위에 받치고 집우새를 걸면 처마 앙곡이 살아난다. 도리에 받침목을 대지 않고 평고대 위에 작은 갈모산방을 올려서 지붕 앙곡을 잡기도 한다.

　맞배집 처마 선은 앙곡도 안허리도 거의 없는 직선에 가깝다. 하지만 실제로는 앙곡과 안허리가 있다. 만약 일직선이 되게 평고대를 걸면 처마 양 끝이 처져서 못나 보인다. 이를 막기 위해 집 가운데에 곧은 서까래 몇 개를 걸고, 집 양 끝에는 가장 많이 휜 서까래를 건다. 집 가운데에 평고대를 얹어 거의 평평하게 걸다가 양 끝에서 한 간 정도 되는 거리(보통 8자 정도)에 살짝 휘어 오른 서까래를 걸어 평고대를 들어 올린다. 여기서부터 양 끝 서까래(집우새)로 가면서 더욱 들어 올리고 앞으로도 휘어 나가

게 해 안허리도 만든다. 앙곡은 한 간 집일 때는 앙곡이 1치, 두 간 집은 2치, 세 간 집은 3치, 네 간 집부터는 적어도 5치 이상은 되어야 처마 선이 처져 보이지 않는다. 안허리는 화장실처럼 작은 건물에는 1치, 살림집은 2치, 큰 건물은 3치 정도면 충분하다. 목수 안목에 따라 맞배집 앙곡을 많이 주는 경우도 보았는데 보기 좋았다. (지리산 천은사 요사채 맞배집은 앙곡이 8치 정도는 되어 보였다.) 다만 지나칠 필요는 없다고 본다.

평고대 매기를 잡으면 먼저 걸어 둔 서까래와 평고대를 못 박아 단단히 고정시켜 처마 선을 만든다. 이제 나머지 서까래를 평고대에 맞춰 걸면 된다. 서까래 곡과 평고대가 맞닿지 않아 어쩔 수 없이 도리를 파기도 하고 받침목을 괴기도 한다. 이를 줄이기 위해 서까래에 미리 나이를 매기기도 한다.

맞배집 겹처마집일 경우도 홑처마와 똑같이 하면 된다. 다만 겹처마집은 크기가 큰 경우가 많고 부연을 함께 쓰기 때문에 앙곡을 1치에서 2치 정도 더 주면 보기에 좋다. 겹처마집 안허리도 1치에서 2치 정도 더 주면 좋다.

팔작지붕 집도 맞배집 매기 잡는 법을 따르면 된다. 다만 팔작집은 추녀가 있으므로 앙곡과 안허리가 커진다. 보통 살림집 앙곡은 1자 3치 정도이며 안허리는 5치에서 1자 정도다. 하지만 집마다 처마 선이 다 다르므로 정해신 것은 없다. 다만 선자구간의 두 배가 되는 지점부터(추녀에서 12자 정도 거리) 평고대가 휘어오르기 시작하는 것이 보기에 좋다. 팔작집은 처마 곡이 크므로 평고대를 많이 휘어 붙여야 한다. 일을 쉽게 하기 위해 추녀와 선자구간에 조로평고대를 건다. 그리고 이 조로평고대를 평서까래에 걸린 평고대와 이음한다. 선자서까래는 두 번째 장부터 네다섯 번째 장 정도까지 평고대가 휘어지는 모양을 봐 가며 평고대 매기를 잡아 간다.

팔작지붕 매기를 잡기 위해 평고대를 걸었다. 앙곡이 잘 드러나 있다.
_영덕 영천 이씨 재실 현장

초매기를 걸고 서까래 개판을 박은 뒤 이매기를 걸고 있다. _제천 금성면 현장

 겹처마집이면 이매기를 걸어 매기를 잡아야 하는데 이매기는 초매기 처마 선을 본떠 휘어붙이면 된다. 이때 앙곡과 안허리를 좀 더 세게 하면 집이 더 멋스러워진다.
 평고대를 걸 때 생각해 둬야 할 점은 평고대로 쓸 나무가 대부분 울퉁불퉁하거나 피가 붙어 있다는 것이다. 그래서 서까래를 못 박아 가면서 밀고 당기고 하여 처마 선을 만들어 내야 한다. 그래서 목수는 두루 경험해야 하고 좋은 눈을 가져야 한다.

사래와 부연

처마를 깊게 하는 사래와 부연 겹처마집을 짓는다면 서까래를 걸고, 그 위로 사래와 부연을 덧댄다. 집이 커지면서 지붕 처마도 깊어져야 하는데 추녀와 서까래만으로는 이를 감당할 수 없어 덧서까래를 두게 된다. 이것이 **사래**와 **부연**이다. 추녀 위에 사래를 태우고 서까래 위에 부연을 태워서 지붕 처마를 길게 뺄 수 있다.

사래는 추녀 앞머리 위로 덧대는 네모난 서까래다. 쓰임은 추녀와 비슷하고 부연과 함께 겹처마 지붕을 만든다. 겉으로 보이는 모양새는 추녀와 비슷하지만 추녀만큼 긴 부재가 아니고 뒤꼬리 부분이 쐐기꼴로 가늘어진다.

추녀 위에 사래를 덧댔다. _약사암 현장

사래와 추녀 추녀가 어머니라면 사래는 딸 같은 부재다. 그래서 사래를 만들 때 추녀곡과 물매에 많은 영향을 받는다. 추녀곡(추녀가 휜 정도)이 크면 사래 춤을 줄일 수 있고 뒤꼬리 길이는 길게 하여 지붕 무게를 견딜 수 있다. 추녀곡이 작으면 사래 춤은 커지고 뒤꼬리 길이는 짧아지므로 뺄목 길이도 길게 할 수 없다. 이럴 때는 사래 뒤꼬리에 '덧추녀'를 올리면 사래 뺄목을 좀 더 길게 할 수 있다. 이 덧추녀는 사래 뒤꼬리 누르개로도 쓰는데 경복궁 근정문이 그렇다.

사래는 추녀와 함께 처마선, 곧 앙곡과 안허리를 만든다. 앙곡은 기본으로 추녀곡에 따라 정해지며, 안허리는 부연 뺄목 길이와 추녀 물매에 따라 정한다.

● **사래 만들기** 사래 길이는 물매와 부연 뺄목 길이, 안허리에 따라 정한다. 추녀도를 그려 보면 전체 길이를 알 수 있다. 보통 사래의 물매는 윗면이 수평이 되도록 정하는데 이 경우 사래 뒤꼬리는 추녀 중간 정도에 다

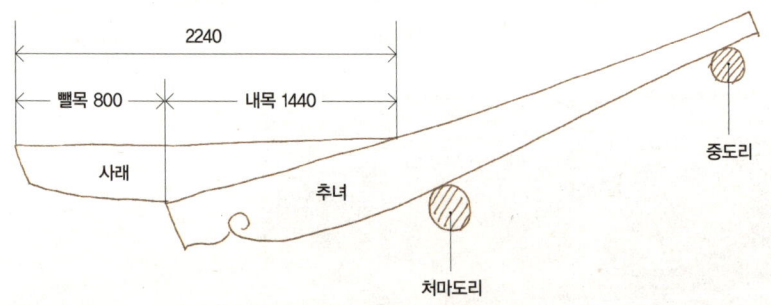

광주 안씨 종갓집 안채에 쓴 사래를 보자. 선자구간이 1500mm이며 물매가 4.4치, 부연 뺄목이 450mm이며 안허리가 360mm였다. 사래 뺄목이 800mm, 내목 길이는 1440mm로 사래 길이는 2240mm다.

다르며 뺄목은 부연 뺄목 길이에 안허리를 더해 정한다. 사래 폭은 추녀 폭과 같으며, 춤은 폭의 1.2배 정도면 무난하다.

사래가 추녀머리에 걸리도록 턱을 만들었다.

사래를 뺄목 부분과 뒤꼬리 부분으로 구분했을 때, 뺄목 앞머리 부분은 추녀 앞머리 모양과 비슷하고, 뒤꼬리 부분은 끝으로 갈수록 좁아지는 쐐기꼴이다. 이 뒤꼬리를 추녀 뺄목 윗부분에 꼭 붙여 연정을 박아 고정한다. 더 단단히 고정하기 위해 추녀 등 쪽을 턱지게 만들어 그 턱에 사래 뒤꼬리를 박아 넣기도 한다.

●

부연 부연은 겹처마지붕에 쓰는 길고 네모난 서까래로, 초매기 위로 서까래와 같은 간격으로 건다. 집이 커지면 지붕 또한 더 깊고 길어져야 하는데 서까래 뺄목에는 한계가 있으므로 부연을 덧대어 처마를 깊게 만드는 것이다. 이 부연 처마 선을 잡아 주는 평고대가 이매기다.

부연에는 평서까래 위에 덧대는 '평부연'과 선자서까래 위에 덧붙이는 '선자부연'이 있다.

●

부연 만들기 부연을 쓴 집은 그만큼 처마가 깊어져 한여름 대낮에 햇볕이 댓돌에 닿지 않는다. 처마 길이는 서까래 뺄목과 부연 뺄목을 모두 조정해 정한다. 부연 뺄목은 보통 1.5자를 가장 많이 쓰는데, 1.2자에서

겹처마지붕. 추녀와 사래, 선자와 선자부연이 조화롭다. _남산골 한옥마을 부마도위 박영효 가옥

1.5자 사이면 좋다.

부연 폭과 춤은 3치에 4치를 많이 쓴다. 부연 춤은 서까래 굵기와 같거나 5푼 정도 작게 한다. 서까래가 4치면 부연은 2.5치(W)에 3.5치(H), 또는 3치(W)에 4치(H)를 쓰고, 서까래가 5치면 부연을 3.5치(W)에 4.5치(H), 또

겹처마지붕 선자부연을 걸고 있다. _광주 안씨 종갓집 현장

는 4치(W)에 5치(H)를 쓰면 무난하다. 선자부연도 길이만 다르게 하고 평부연과 같은 크기로 만들면 된다.

부연은 서까래와 함께 처마 선을 만든다. 그래서 서까래 굵기와 뺄목에

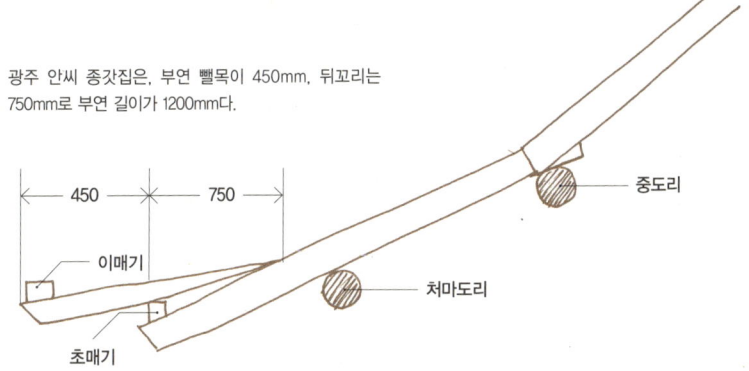

광주 안씨 종갓집은, 부연 뺄목이 450mm, 뒤꼬리는 750mm로 부연 길이가 1200mm다.

따라 크기와 길이를 정한다.

부연도 서까래처럼 앞머리를 5푼에서 7푼 정도 위에서 아래쪽으로 비스듬히 깎는다. 서까래를 도리 위에 걸면 서까래 사이사이에 단골 막이 흙을 채워 넣어 비바람을 막는다. 부연에는 단골 막이 흙 대신 '착고'를 끼운다.

회첨지붕 위에 부연 사이를 막아 댄 착고가 보인다. _남산골 한옥마을 윤택영 가옥

착고는 판판한 나무 널로 부연과 부연 사이를 끼워댄다. 부연에 착고를 끼워 대는 홈을 부연 위 등에서 아래쪽으로 5푼 정도 비스듬히 들여 판다. 이는 지붕 물매만큼 착고가 뒤로 누운 것처럼 보이는 것을 막기 위해서다. 홈 깊이는 5푼, 폭은 7푼을 넘게 한다. 착고를 끼우고 나면 부연 개판을 덮는다. 부연 개판은 착고 뒤쪽으로 1치 넘게 덮이면 무난하다. 부연 뒤꼬리는 쐐기 꼴로 만들어 처마 선을 올려 주게 한다.

개판

•

서까래와 서까래 사이를 채운다 서까래를 다 걸고 나면 개판을 덮어 서까래 사이의 공간을 막아 댄다. **개판**은 서까래와 서까래 사이에 있는 빈 공간을 덮는 길고 넓은 널빤지다. 반질하게 대패질한 면을 아랫면으로 쓰기 때문에 우물반자나 고미반자처럼 천장을 마감하는 데도 많이 쓴다. 곱게 대패질한 아름다운 나뭇결을 아래에서 쳐다보면 그 맛이 일품이다.

개판은 큰 나무를 길게 켜서 만들기 때문에 예전에는 부재를 구하기가 아주 힘들었다. 개판이 아주 귀했던 옛날에는 궁궐이나 문루에만 개판을 썼다. 그래서 살림집에서는 서까래 사이를 산자를 엮고 진흙을 개어 올린 다음 아랫면은 치받이 흙으로 천정을 마감했다. 방 천장은 난방을 위해 반자를 두는 경우가 많았다. 대청마루 천장은 반자를 두지 않고 서까래가 훤히 보이도록 열어 두었다. 개판을 쉽게 구할 수 있는 요즘에는 서까래 사이를 넓은 판재로 덮어 마감한다.

개판에는 처마서까래나 짧은서까래를 덮는 개판이 있고, 부연을 덮는 **부연개판**이 있다. 선자서까래나 선자부연을 덮는 **선자개판**이 있으며 박공에 걸린 목기연을 덮는 목기연 개판이 있다. 천장 마감 역할을 하는 고미반자 개판도 있다.

산자를 엮고 치받이흙으로 서까래 사이를 마감했다. _양동 마을 관가정

처마서까래에 개판을 덮고 있다. _횡성 유평리 현장

선자개판으로 선자부연을 덮는다. _제천 금성면 현장

부연개판을 덮고 있다. _광주 안씨 종갓집 현장

●

개판 만들기   개판 두께는 보통 8푼에서 1치로 하고, 폭은 서까래를 거는 간격으로 정하는데 1자가 넘지 않는다. 개판 길이는 처마서까래와 짧은서까래 길이, 부연 뺄목 길이를 다 덮을 만하면 된다.

서까래에 못을 박아 대는 개판은, 앞부분을 두께의 절반만큼 반턱지게 깎아 혀를 만들고 미리 홈이 파진 평고대에 개판 혀를 끼워 대는 턱솔맞춤을 한다. 평고대에 턱솔맞춤한 개판을 서까래에 딱 붙도록 못 박아 지붕 위에 있는 흙먼지 따위가 방안으로 들어오지 않게 한다.

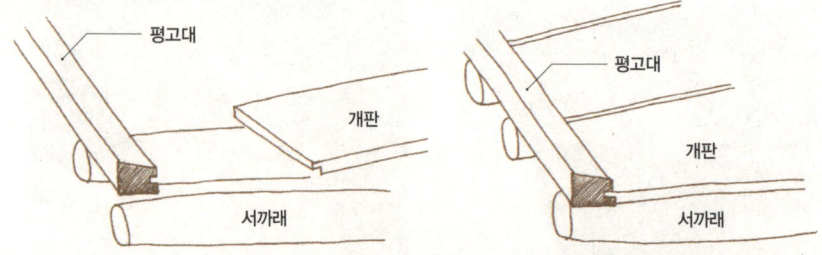

개판은 평고대에 턱솔맞춤 하고 서까래에 못 박아 붙인다.

개판은 긴 판재로 두께가 얇고 폭이 넓다. 나무는 마르면서 심재가 위로 솟아오르며 터지는 성질이 있다. 그래서 개판은 변재를 깔끔하게 대패질하여 서까래에 못 박아 대고 위쪽에 두는 심재는 대패질을 하지 않는 게 좋다.

개판을 평고대에 그레질해 자르고 나면 턱솔을 만들어 평고대에 꼭 붙인다. _파주 삼릉 매표소 현장

개판을 붙일 때는 서까래에 못을 박고 개판에 휘어붙인다. 못은 두 자 간격으로 서까래에 수직으로 박은 다음 개판에 6푼 정도를 휘어붙이도록 하고 많이 뜨는 곳에는 큰 못을 더 박아 서까래와 꼭 붙도록 한다.

처마 선이 많이 휘어지는 선자구간에 쓰는 선자 개판은 하나하나 그레질을 해서 평고대와 맞춤한다.

지붕 만들기

●

합각   합각은, 지붕 용마루 양 끝머리 아래에 있는 삿갓처럼 생긴 벽을 말한다. 합각에는 삿갓 꼴로 박공을 걸고 박공 위로 고른 간격으로 목기연을 끼운 다음 목기연 개판을 박고 기와를 얹는다. 박공 아래에 생기는 세모꼴 공간을 나무 널(풍판)이나 벽돌, 흙 따위로 막아 벽을 만든다. 이 벽을 '합각벽'이라 한다. 합각 지붕을 흔히 '팔작지붕'이라고도 한다.

●

박공   박공은, 팔작집 지붕 합각에 'ㅅ'자 꼴로 이루며 거는 기다란 널, 또는 맞배지붕 양쪽 옆면을 마감하기 위해 붙이는 길고 넓은 판재를 말한

박공을 만들어 지붕 합각 부분에 달았다.

팔작지붕 집인데 합각을 기와와 회벽으로 마감했다. _영덕 영천 이씨 재실 현장

다. 맞배지붕 박공 아래에는 필요에 따라 풍판을 대기도 하고 박공만 걸기도 한다. 박공에도 작은 처마가 있는데 이 처마는 '목기연'이라는 짧은 서까래를 걸어서 만든다. 흔치 않지만 박공에 목기연을 끼워 대지 않은 경우도 있다.

박공은 맞배지붕 양쪽 끝이나 팔작지붕 합각에서 도리와 집우새* 옆면을 가려서 깔끔하게 보이도록 마감한다. 박공에 목기연을 끼운 뒤 개판을 얹고 기와를 올리면 내림마루가 만들어져 비바람에 지붕 끝이 쓸려 내려가지 않는다. 팔작지붕은 합각에 있는 빈 공간을 풍판이나 구운 돌, 또는 회마감 흙벽에 기와를 쌓아 벽체를 만든다. 맞배지붕은 박공만 걸거나 박공 뒷쪽에 풍판을 대는 경우가 있다. 맞배지붕에 있는 풍판은 절집 창이나 불화를 그린 벽면에 비바람이 닿지 않게 한다.

박공은 부재 두 개를 똑같이 만들어 한 쌍으로 거는데, 한쪽에만 박공을

---

* '집우새'는 박공 뒷면에 있는 서까래로 여기에 박공을 못 박아 붙인다.

맞배지붕 집 박공 아래에 풍판을 대 비바람을 막는다.
_문경 대승사 요사채

맞배지붕 누각 박공에 목기연을 끼우고 기와를 얹었다.
_경주 독락당

집 오른쪽에 지붕 방향이 다른 툇간을 만들고 그 지붕에 다래박공을 달았다. _양동 마을 사호당 고택

거는 경우가 있다. 이것을 '다래박공', '반박공'이라 한다. 다래박공은 본채에 달아내는 부속채나 툇간 지붕이 본채 지붕과 높이나 방향 차이가 날 때 한쪽으로만 작게 다는 박공이다.

●

박공 크기 　박공 두께는 1.5치 정도로 한다. 다래박공이나, 작은 집에 쓰는 박공은 더 얇게 만들기도 한다. 박공 폭은 솟을각에 목기연을 끼우고 집우새를 가리며 도리 위쪽을 두 치 정도는 덮을 수 있어야 한다. 솟을각은 양쪽 박공이 만나 뾰족하게 된 위쪽 끝부분을 말한다.

　하지만 예나 지금이나 폭이 넓은 박공 부재를 구하기란 쉽지 않다. 큰 박공은 커다란 나무를 제재해야 하기 때문에 큰 돈이 든다. 하는 수 없이 박공을 끌어올려 서까래만이라도 가리거나, 그마저도 안 되면 박공을 겹으로 덧달기도 한다.

　박공 길이는, 맞배지붕일 때 위 끝이 합각 중심이 되는 솟을각에 닿게 하고 아래 끝은 평고대보다 세 치 정도 더 나오게 하면 된다. 팔작지붕 박공 길이는 솟을각에서 추녀 중심선까지 거리를 재면 된다.

박공 폭이 좁아 아래에 한 겹을 덧대었다. _정읍 향교

박공 만들기   팔작지붕에 박공을 달면 지붕 물매가 거의 정해지므로 박공을 달기 전에 미리 실을 띄워서 만들어 쓸 박공 물매를 정하는 것이 좋다. 이때 상도리 중심에서 누르개 위까지 곧은 각재를 수직으로 대고, 여기서부터 처마서까래나 부연 끝까지 실을 띄워서 박공 물매와 길이를 잰다. 이 값을 바탕으로 박공을 만들어 달면 된다.

박공은 지붕 곡에 많은 영향을 미치므로 부드러운 곡으로 잘 만들어야 한다. 위쪽으로 곡이 너무 세면 개판을 휘어붙일 때 애를 먹게 된다. 그래서 개판을 붙이는 박공 위쪽은 가운데가 1치에서 1.5치 정도가 되게 곡을 주고 아래쪽은 이보다 세게 곡을 준다.

박공 아래 끝은 서까래와 마찬가지로 비스듬히 자른다. 서까래와 같은 기

박공을 달기 전에 실을 띄워 박공 물매를 정한다. _양평 도장리 현장

박공을 만들기 위해 곡을 가늠하고 있다.

박공 앞머리에 꽃문양을 조각했다. _양동 마을 이향정

울기로 빗 잘라도 되고, 날렵해 보이도록 더 비스듬히 잘라도 좋다. 다만 너무 많이 빗 잘라 서까래(집우새) 아래 부분이 밖에서 보이지 않도록 조심해야 한다. 박공 앞머리는 빗 자른 다음 게눈각을 조각해 모양을 내기도 한다.

박공 위쪽 솟을각은 양쪽 박공이 서로 만나 꼭지점을 이루는 부분이다. 나무는 자연스럽게 비틀리고 마르고 갈라지게 되므로 될 수 있으면 박공 두 개를 빈틈없이 맞대야 하며, 박공 두 개는 크기와 모양이 같아야 한다. 따라서 박공 한 쌍을 만들 때는 하나씩 따로 만들지 말고 한 쌍을 겹쳐서 함께 만든다.

양쪽 박공을 맞대어 솟을각을 이룰 때는 빗이음을 하여 맞댄 부분이 서로 겹쳐지도록 한다. 솟을각에 지네철이나 꺽쇠를 박으면 더욱 좋다. 박공 폭이 좁아 도리 마구리 면과 집우새를 제대로 가리지 못할 경우는 박공을 덧대거나 '현어'를 만들어 붙이면 보기에 좋다. 현어는 박공널이 맞닿는 도리 면을 가리기 위해 붙여 대는 나뭇판인데, 화려하게 조각을 해서 멋을 내는 경우가 많다.

박공 위 등에는 목기연을 1.5자 정도 간격으로 통넣고 턱맞춤이나 주먹장맞춤을 해 빠지지 않도록 한다.

솟을각에 판꺾쇠를 박고 아래로
현어를 달았다. _학사재

팔작지붕 박공은 맞배지붕 박공과 같지만 아랫부분이 기와에 파묻히므로 따로 모양을 내지 않는다.

●

가장 짧은 서까래, 목기연　　목기연은 박공에 짧은 처마를 만들어 주어 비바람이나 볕 등으로부터 박공을 보호하는 짧은 서까래다. 목기연 위로 개판을 박고 내림마루 기와를 얹어 아름다운 지붕 선을 만든다.

목기연은 박공 위 등에 맞춤하는 서까래이므로 부연과 같은 모양으로 만들면 된다. 다만 부연과 달리 뺄목이 7치 정도로 짧으며 뒤꼬리 길이는 뺄목 길이의 네 배 정도면 충분하다. 크기는 부연과 같게 하거나 조금 작게 한다. 뒤꼬리는 등 쪽을 비스듬하게 깎아 뒤끝이 뾰족하게 되도록 만든다.

목기연은 박공 윗면에 직각으로 끼워 댄다. 이때 주먹장턱맞춤을 하기도 하고 온턱맞춤을 하기도 한다. 세월이 지나도 틈이 생기지 않도록 맞춤 해야 한다. 목기연 뒤꼬리 밑에 받침목을 박공 뒷면과 밀착시켜 못 박아 대고, 뒤꼬리 끝부분도 서까래 위쪽 부분에 받침목을 대고 못 박아 고정한다.

목기연 위로 내림마루 기와가 얹어진 짧은 처마가 그림자를 드리우고 있다. 박공 아래로 단 풍판은 불벽을 보호한다. 풍판 사이사이에 솔대를 붙여 대었다. _대비사 삼성각

목기연을 박공에 맞춤했다. _제천 금성면 현장

목기연 뒤꼬리 아래에 받침목을 넣고 못을 박아 댔다. _정읍 현장

풍판 풍판은 팔작지붕에서는 마감 벽이 되고, 맞배지붕에서는 가림 벽이 된다. 팔작지붕에서 풍판은 합각에 있는 빈 공간을 막아 대는 판벽이다. 박공 아래 빈 공간에 비바람이 닿지 않게 한다. 풍판은 긴 널빤지라서 시간이 지날수록 비틀리고 갈라질 수밖에 없다. 그래서 풍판을 대신해 벽돌을 쌓거나, 기와와 흙으로 모양을 내고 석회로 미장해 합각벽을 만들기도 한다.

박공 아래 풍판에 솔대를 붙여 대고 있다. _횡성 유평리 현장

옆면에 창문이 없는 소박한 맞배집에는 보통 풍판을 달지 않는다. 하지만 비바람이 들이치기 쉬운 누각이거나, 옆면에 창문이 있거나, 높은 건물, 또는 불화가 그려진 벽을 보호해야 하는 절에서는 풍판이 꼭 필요하다.

풍판은 될 수 있으면 두껍게 쓰면 좋겠지만 만들어 다는 게 어려워 보통 두께 1치 정도, 폭 8치에서 1자 정도로 한다. 풍판 길이는 맞배집인 경우 위 끝이 박공 윗면보다 조금 낮게, 아래는 박공 끝선보다 길게 쓴다. 팔작지붕 풍판도 이와 같은데 풍판과 박공 아래로 암키와가 물리도록 아랫부분을 터 놓아 공간을 만들어 두어야 한다. 풍판은 여러 장을 맞대어 만들기 때문에 반턱쪽매 모양으로 이어 붙인다. 풍판은 뒤쪽으로 아래 위 그리고 가운데에 띳장을 붙여 풍판이 뒤틀리거나 벌어지지 않도록 하고, 앞쪽으로 풍판과 풍판 사이에 솔대 같은 긴 각재를 대어 마감한다.

기와

햇볕과 비를 견뎌낸다 지붕 합각 부분까지 다 만들고 나면 기와를 이어 지붕 공사를 마감해야 한다.

한옥 살림집은 기와, 볏짚, 갈대, 피죽, 너와, 판돌 따위로 지붕을 이었다. 이들 가운데 기와가 지붕 마감재로 으뜸이다.

기와는 진흙을 반죽해 구운 것으로, 눈비에 강하고 볕이나 벌레들에 쉽

우리 전통 기와는 쓰임에 따라 여러 모양으로 만든다.

게 상하지 않으며 독특한 모양새와 무게 때문에 바람에 날리지 않는다. 하지만 얼어서 깨질 수도 있고, 잘못 이면 비 많은 여름에 기와장이 쏠려 내려가기도 한다. 기와가 쏠려 가 빗물이 스며들면 서까래가 썩는다.

우리 전통 기와는 여러 가지 모양으로 만든다. 먼저, 지붕 면에 바탕이 되는 바닥기와로 **암키와**가 있다. **수키와**는 암키와 둘 사이에 엎어서 이는 기와다. 지붕에 알매흙을 깔고 암키와를 고정시킨 다음 홍두깨흙을 암키와 사이사이에 넣고 수키와를 깐다. **암막새**와 **수막새**로 처마 끝을 치장하고 빗물이 잘 흐르도록 하기도 한다. **망와**는 용마루나 내림마루 같은 지붕마루 끝부분을 마감하도록 만든 기와다.

또 기와 규격에 따라 특대와, 대와, 중와, 소와, 특소와, 특수기와로 나눌 수 있다.

●

기와 이기   목수들이 지붕 공사를 마무리하면 와공들은 기와를 이기 위해 우선 생석회를 피우고 적심을 준비한다. 생석회는 석회석에 오래 열을 가해서 가루로 만든 것인데, 습기와 벌레를 막고 흙을 굳게 한다. 그래

생석회를 피우고 있다. _청송 송만정 보수 현장

서까래 위를 개판으로 덮지 않았을 때는 산자부터 엮어 나간다. 산자는 싸리나무나 장작을 길게 쪼개어 쓴다. _청송 송만정 보수 현장

연함은 암키와를 놓을 수 있게 반달 꼴로 깎아낸다.

서 기와 공사에 꼭 생석회를 쓴다. 생석회를 백토(또는 흙) 무더기 위에 부어 넣고 물을 대면 허연 연기를 내며 펄펄 끓는다. 이렇게 하는 것을 생석회를 피운다고 한다. 엿새에서 이레 정도 석회를 피워 가며 천천히 흙과 섞어서 넓게 펴 나간다.

서까래 위로 산자를 엮거나 개판을 박고 나면 처마 끝에 연함을 붙여 댄다. **연함**은 암키와를 받기 위해 오목하게 파낸 긴 나무 장대다. 다음으로 적심을 지붕에 올려 채운다. **적심**은 지붕 물매를 자연스럽게 잡으면서, 서까래 뒤꼬리를 눌러 주어 서까래가 처지지 않게 한다. 또 지붕 물매를 완만하게 되도록 골 깊은 공간을 채운다.

연함과 적심을 놓고 나면 보토를 채운다. 보토는 생석회와 마사흙 그리고 수분이 있는 진흙을 섞어 만든다. 보토를 지붕에 얇게 깔고 '강회다짐'을 한다. 강회다짐은 지붕에 습기와 벌레를 막고 풀이 나지 않도록 한다. 강회다짐은 백토나 마사흙에 피워 둔 생석회를 섞어 지붕 위로 골고루 펴 올린다. 마르면서 갈라지면 물을 뿌려 발로 밟아 가며 다진다.

드디어 암키와를 깔 차례가 왔다. 암키와를 지붕에 고정하기 위해 기와

지붕에 적심을 채워 놓았다.

지붕에 보토를 깔고 있다. _배상면 주가 현장

지붕에 알매흙을 깔고 암키와를 깔고 있다.

암키와를 깔아 놓았다.

아래로 알매흙(진흙, 마사흙, 생석회를 섞은 것)을 깐다. 지붕 용마루 위에서 아래 처마로 긴 동아줄을 늘어뜨려 지붕 모양새를 잡아가며 기와를 깔아 나간다. 이 동아줄을 '장줄'이라 한다.

 암키와를 다 깔면 암키와 사이에 홍두깨흙을 깔고 수키와를 깔아 나간다. 홍두깨흙은 수키와를 고정하는 것으로 알매흙과 같은 것을 쓴다.

 암키와와 수키와가 이어지면 마루 공사를 한다. 마루는 추녀마루, 내림마루, 용마루 순서로 만든다.

 암키와를 깔고 나면 착고막이로 바닥기와를 마감하고 용마루를 만들기 위해 착고막이 위로 부고(수키와)를 쌓는다. 그 위에 암키와를 여러 장 엎어 쌓아 올리는데 이 암키와를 '적새'라 한다. 적새는 홀수로 쌓고 적새 위로 수키와를 한 줄 쌓아 용마루를 마감한다.

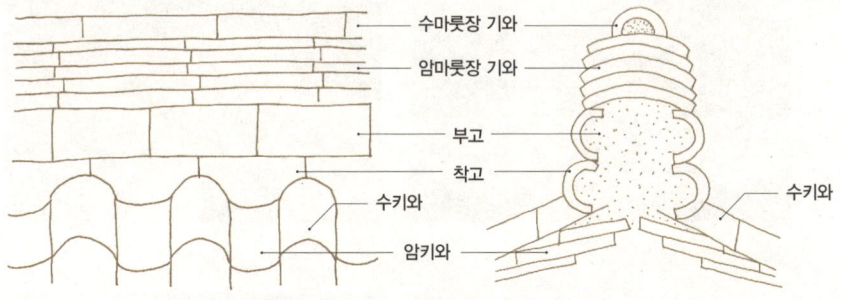

지붕마루는 망와로 끝맺음한다. 지붕 두 면이 만나는 추녀 끝이나 맞배 지붕 내림마루 끝에는 왕지기와를 쓴다. 왕지기와 대신 암키와를 세모꼴로 자르고 다듬어 쓰기도 한다.

마루 공사를 한 다음 합각벽을 만드는데, 합각벽은 나무 널을 대거나, 벽돌을 쌓기도 하지만 생석회와 기왓장으로 멋을 부리기도 한다.

마감 단계로 처마 끝, 골기와 끝, 망와 아래에 와구토를 꼼꼼히 발라 놓는다. 와구토는 생석회에 백토(또는 모래)를 섞은 것으로 기와가 흘러내리지 않도록 단단히 굳게 마감하는 흙이다.

마지막으로 물청소를 하면 지붕 공사가 마무리된다.

지붕마루를 만들고 있다. _양평 도장리 현장

●

아름다운 지붕 선을 찾는다 한옥을 떠올려 보자. 멋지게 휘어 오른 처마 선, 정겨운 초가, 모두 독특한 지붕부터 떠오른다. 한옥이 가진 멋의 절반은 지붕이 되는 셈이다. 그런 만큼 지붕 공사는 아주 중요하다.

암키와 위로 수키와를 깔고 있다.
_양평 도장리 현장

초가집은 해마다 가을걷이를 끝내면 볏짚으로 새로 지붕을 이거나, 삭거나 헌 곳을 고쳤다. 이웃 사람들이 서로 모여 품앗이로 또 한 해 비 새지 않고, 따뜻하게 지내도록 지붕을 만들었다.

하지만 기와는 다르다. 기와는 그 무게가 엄청나고 만들고 나르는 데 힘이 들고 돈도 많이 든다. 그래서 기와집 뼈대는 그만큼 튼튼해야 하고, 장인의 손길이 필요하다. 오래도록 기와를 이어 온 와공 한 분은 기와 공사를 시작할 때 판 차리기가 중요하다고 한다. 판 차리기란 연함을 파서 평고대 위에 놓고, 장줄과 추녀 끝부분, 그리고 내림마루 꾸미기에 알맞은 간격을 정하고, 또 적심을 넣어서 물매를 제대로 잡는 일이다. 기와 공사 전체 틀을 잡는 것이 바로 판 차리기다. 이때 적심을 적게 넣어서 곡선이 급하면 흙이 많이 들어가 곡이 처지기 쉽고, 반대로 적심을 많이 넣으면 물매

막새기와를 쓸 수 없는 회첨골에 와구토를 뭉쳐 발라 마무리했다.
_양평 도장리 현장

를 잡기 어렵고 곡이 부르고 휘기 쉽다.

　기와를 깔 때 용마루에서 처마 아래로 긴 줄을 띄운다. 바닥기와를 깔 때 똑바른 골이 중요하다. 한 줄 한 줄 곡이 더해져서 전체를 이루기 때문이다. 양평 강상면에서 한옥을 지을 때 이제 막 일을 배우기 시작한 초보 와공이 암키와를 똑바로 깔지 못해서 그 사람이 깔아 놓은 기와만 울퉁불퉁 밉상이 되어 고개를 절레절레 저었던 기억이 난다.

　암키와는 위에서 아래로, 양 끝에서 가운데로 물 흐르는 것처럼 놓아야 한다. 이 말은 기와를 깔 때 용마루에서 처마 쪽으로 내려올 때 암사마귀 배처럼 중간이 휘어내린 곡선이 되도록 하고, 가운데에서 양쪽 추녀 쪽으로 올라갈 때는 가운데에서 빨랫줄 휘듯이 처져 내려야 한다는 뜻이다.

　지붕마루를 잘 만들어야 지붕 선을 잘 살릴 수 있다. 추녀 끝이 너무 높으면 추녀마루를 낮추고, 너무 낮으면 추녀마루를 높게 만들어야 한다. 그러나 낮은 것보다는 높은 것이 더 모양새가 좋다.

　박공 쪽도 신경 써야 한다. 용마루가 짧을 때는 문제가 되지 않지만, 용마루가 길고 가운데 부분 서까래가 위로 올라와 있으면 자연스러운 곡을 만들기 어렵다. 그래서 목수들은 용마루 가운데 부분보다 양쪽 박공을 높게 만든다.

지붕마루

 지붕면들이 서로 맞닿은 부분에 기와를 쌓아 올려서 꾸민 것이 '지붕마루'다. 지붕마루에는 세 가지가 있다.
 '용마루'는 지붕면 가장 윗쪽에 만드는 가장 높고 큰 지붕마루다. 집 앞쪽 지붕과 뒤쪽 지붕이 만나는 곳에 만든다.
 '내림마루'는 박공, 합각 부분에 만드는 지붕마루다. 맞배지붕 양 끝쪽과 팔작지붕 합각을 튼튼하게 마감한다.
 '추녀마루(귀마루)'는 추녀 부분에 만드는 지붕마루다. 집 앞뒷쪽 지붕과 옆쪽 지붕이 만나는 곳에 만든다.

머리를 없는다 181

벽을 세우고
문을 낸다

●

인방
미장
구들
마루
문과 창

인방

인방, 벽을 만드는 뼈대　집 뼈대를 만들고 지붕까지 얹고 나면 벽을 만들어야 한다. **인방**은 기둥 사이를 가로지르는 부재인데, 벽체를 만드는 뼈대이며 문과 창을 다는 틀이 된다. 인방 사이에 문과 창을 달고, 흙이나 벽돌로 벽을 쌓아 올려 방을 만든다.

집을 치장하는 데 쓰는 나무를 '수장목'이라 하는데, 도리 아래에 있는 부재 가운데 기둥을 뺀 대부분이 수장목이다. 수장목을 현장에서는 **수장재**라고 하는데, 현장에서는 인방을 끼워 댈 때 '수장 드린다'라고 말한다.

인방은 가로로 눕혀 쓰는 것으로, 기둥과 기둥 사이를 가로지르는 상인방, 하인방, 중인방이 있다. 고리중방, 문미, 문지방, 머름상하방 같은 것들도 인방이다. 세로로 세워 쓰는 수장목도 있는데, 문설주(문선), 창선, 주선 따위다. 이것들을 '벽선'이라고 한다.

상인방은 '윗중방', '상방'이라고도 한다. 인방 가운데 가장 윗부분에 자리하며 문상방이나 장여가 하는 역할을 하기도 한다. 상인방이 문상방 역할을 할 때는 상인방에 문설주를 맞춤하여 상인방과 문선에 홈대를 판다. 민도리집에서는 상인방이 도리 밑을 받쳐 장여처럼 도리가 처지는 것을 막아 준다.

하인방은 '아랫중방', '하방'이라고도 한다. 인방재 가운데 가장 아래에

집 옆면 벽에 주선, 문선, 창선, 머름이 보인다. _낙안읍성 관아

있으며 문하방 역할을 하기도 한다. 하인방은 벽체의 무게를 가장 많이 받는 인방재이므로 상인방과 중인방보다도 춤을 1치 정도 크게 쓴다.

중인방은 상인방과 하인방 가운데에 있는 인방이다. '중방'이라고도 한다. 중인방은 상인방과 하인방 중간쯤에 가로지르는데, 창을 두는 곳에는 중인방이 창틀이 된다. 예전에 지은 집에는 중인방이 없는 경우가 많다. 나무를 구해 깎고 다듬기 힘들었기 때문이다.

상인방과 하인방에 문설주를 세우고 문을 달 수 있도록 홈대를 파면 그 부분이 문미(문상방), 문지방(문하방)이 된다. 문을 달기 위해 따로 문선을 세워 문미와 문지방을 두는 경우는 드물다. 대부분 상인방과 하인방, 또는 중인방과 하인방 사이에 문설주를 세워 문을 단다.

머름은 창문 밑과 하인방 사이에 짧은 동자를 세우고 사이사이 널로 막아 댄 나무 벽을 말한다. 바닥에 앉아 지내는 생활에 맞추어 나지막하게 마련한 창턱인 셈이다. 머름 위에 있는 창은 들고 나는 문으로도 쓸 수 있도록 크게 낸다. 이 큰 창 문지방이 곧 머름상방이 된다. 머름상방에 어미동자와 머름동자를 맞춤하고 머름동자 사이는 머름착고를 끼운다.

벽선은 벽에 세로로 쓰는 수장재다. 벽선은 기둥에 붙이거나 창문틀로 쓰는 경우가 많지만, 창이나 문이 없는 온벽에 써서 인방이나 벽이 내려앉지 않도록 하기도 한다. 온벽이 아니라도 벽체가 길거나 넓을 때에도 벽선을 집어넣는다.

주선은 벽선 가운데 하나로 기둥에 붙여 대어 벽체를 이룬다. 위로 상인

창 아래 머름을 두었다. _수원 화성 운한각

중인방과 상인방 사이에 벽선을 두어 벽체를 튼튼히 했다. _양동 마을 관가정

온벽에 벽선을 두었다. _선암사

기둥 양옆으로 주선을 붙이고 벽은 회마감을 했다. _강릉 김씨 재실 현장

기둥에 하인방과 문설주를 끼우고 문 홈대를 팠다. _약사암 산신각 현장   창선을 세우고 창문을 달았다. _배상면 주가 현장

방, 아래로 하인방에 장부맞춤 하는데, 중간에 중인방이 끼이면 중인방에서 상하인방과 장부맞춤 하여 위아래로 나뉜다. 주선은 기둥을 튼튼히 하는 부재가 아니라 기둥이 상하지 않도록 보호하는 부재다. 주선을 원기둥에 붙여 대면, 문이나 창을 손쉽게 달 수 있고, 흙벽이 머금은 물기로 기둥이 썩는 것을 막을 수 있다.

문설주는 '문선' 또는 '문틀'이라고도 한다. 문설주는 문을 달기 위해 세우는 문기둥이다. 위아래로 상인방 또는 중인방과 하인방에 장부맞춤 한다. 문설주에도 문이 들어서는 부분에 홈대를 판다.

창선은 창을 달기 위해 세우는 창기둥이다. 창선에도 홈대를 파고 상인방과 중인방, 또는 머름상방에 장부맞춤 한다.

●

인방재 크기 인방재 폭은 기둥 폭보다 2치 정도 적게 쓴다. 벽체는 인방재 폭보다 1푼 정도 적게 하는 것이 좋다.

벽체가 두껍지 않았던 예전에는 인방재 춤은 폭보다 1치에서 2치 정도 크게 했다. 목재 구하기가 쉬워지면서 벽체를 두껍게 하기 위해 폭이 춤과

같거나 크게 하기도 한다. 하지만 인방재 춤은 폭보다 커야 한다. 하인방은 벽체 무게를 가장 많이 받으므로 상인방이나 중인방 춤보다 1치 정도 춤을 크게 쓴다. 상인방도 홈대가 있을 때는 중인방보다도 5푼 정도 크게 쓰기도 한다. 나머지 수장재는 보통 중인방 크기와 같게 쓴다. 다만 주선은, 기둥에 그레질하거나 5푼 정도 통넣기를 하기 때문에 중인방보다 춤을 5푼에서 1치 정도 크게 쓴다.

인방 물리기 인방재는 보통 되맞춤 한다. 그래서 기둥 면과 이웃한 기둥 면 사이의 거리보다 2치 정도 길게 만들어 기둥에 1치씩 양끝 마구리가 물리도록 한다. 이때 한쪽은 1치 나머지 한쪽은 2치 되는 쌍장부를 만들어 2치 쪽을 먼저 기둥에 끼워 넣은 다음 1치 장부 쪽으로 기둥에 밀어 넣는다. 이렇게 긴 장부 쪽을 밀어 넣은 다음 짧은 장부 쪽을 밀어 넣어 물림을 하는 것을 '되맞춤'이라 한다. 되맞춤한 뒤 쌍장부 사이 빈 공간에 단단한 나무 쐐기를 박아 넣어 고정한다.

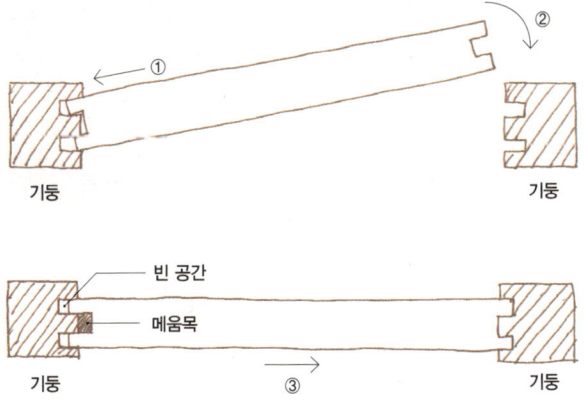

중인방과 하인방 사이에 중깃(점선 안)을 세워 창선이 서 있는 중방이 처지지 않도록 했다. _파주 삼릉 매표소 현장

주선, 벽선, 문선, 창선, 고리중방 따위를 수장하기 위해 기둥 아래위로 1치에서 2치 정도 여유를 두고 쌍장부 홈을 파게 되므로 수장한 뒤 여유로 더 따놓은 부분에 메움목을 넣어 메워야 한다. 기둥 사이 거리가 길거나 문선이나 창선이 있는 자리에는 중깃을 세워 인방이 처지는 것을 막는다.

민도리집에서 상인방이 도리 바닥과 맞닿거나 기둥을 세우면서 수장을 함께 할 때는 굳이 되맞춤을 하지 않는다. 이때는 상인방 양쪽 마구리 장부 길이(1치에서 2치)만큼 장부 홈을 기둥에 파서 기둥을 세울 때 끼워 맞춘다.

창방과 맞닿는 상인방 장부홈.

머름을 만들고 있다. 치목장에서 머름을 미리 만들어 끼는 경우도 많다. _횡성 유평리 현장

문설주, 창선은 중인방와 같은 폭과 춤으로 만들며 위아래 마구리에 장부촉을 내어 상인방, 하인방과 중인방에 끼운다.
　주선은 기둥과 붙는 쪽에 길게 쌍장부를 내어 맞춤한다. 그래서 주선 춤은 중인방 너비보다 5푼 정도 크게 써서 기둥에 끼워 대는 장부로 쓴다. 기둥에도 깊이 5푼 정도 되는 장부홈을 미리 파 둔다. 장여와 상인방 사이 같이 공간이 좁은 곳에 끼워 대는 주선은 위아래 마구리 면에 외장부를 만들지 않고 간편하게 맞댄다. 주선과 기둥 사이가 벌어지면 집안으로 비바람이 들이칠 수도 있다. 그래서 빈틈없이 붙어 있도록 기둥과 주선에 쌍장부를 내어 맞춤하거나 그레질해서 맞대는데 이때 위아래와 중간중간에 큰 못을 치거나 목재용 스크류볼트를 박아 넣는다.

미장

● **토수, 집 뼈대에 살을 붙이고 단장하는 사람** 미장은 다른 말로 **토수**라고도 하는데, 목수가 나무를 다루는 사람이라면 토수는 흙을 다루는 사람이다.

대목들이 나무를 깎아 집을 짓고 와공이 기와를 이으면, 미장 일이 남는다. 벽을 세워서 바람을 막고, 방에 구들을 깔아서 따뜻하게 하는 일. 천장이나 처마에 흙을 아래에서 올려 바르는 치받이(앙토)를 하거나 흙과 돌로 담장을 쌓는 일. 집 겉 벽면에 전돌을 쌓거나 무늬를 넣어 예쁘게 하는 일까지 토수들이 해 왔다. 하지만 아쉽게도 콘크리트 건축이 유행하면서 토수들 일이 줄어들고, 바깥 벽을 아름답게 꾸며 마무리한다는 뜻인 '미장'이 일반 명칭으로 자리잡게 되었다.

● **전통 방식으로 벽체 세우기** 흔히 미장은 이미 다 지어진 집체에 벽만 만들면 되는 간단한 일이라고 생각할 수도 있지만, 한옥 벽체를 세우는 일은 꽤 여러 단계를 거친다. 크게 중깃 세우기, 가시새 넣기, 외 엮기, 벽체 바르기 순서로 한다. 모든 일을 제대로 잘 해야 찬바람을 막고 튼튼한 벽을 만들 수 있다.

 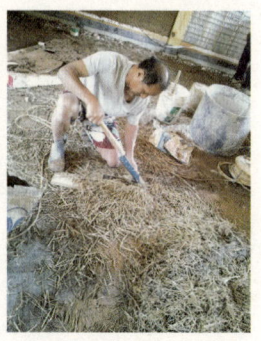

미장 하기 전 벽. 이 집은 단열을 위해 왕겨숯을 채운 나무틀을 넣었다. 미장 흙 반죽에다 볏짚을 썰어 넣고 있다.

'중깃'은 벽체에 힘살이 되는 기둥이고, '가시새'는 중깃에 가로로 꿰 넣어 중깃을 튼튼히 잡아 주는 나무대다. 전통 기법은 중깃에 구멍을 뚫어 가시새를 집어넣는다. 기둥 사이 벽체가 서는 곳마다 이 중깃과 가시새를 나무틀처럼 꾸민다. 이어서 외 엮기를 한다. 가로로 엮는 것을 '눌외', 세로로 엮는 것을 '설외'라고 한다. 중깃에 짚으로 꼰 새끼줄로 대나무, 싸리대, 수숫대 따위로 가로 세로 외를 엮어 준다. 흙을 잘 바를 수 있도록 해 주는 것이다.

외엮기를 다 하면 흙을 바른다. 벽에 바르는 흙에는 하루에서 사흘 정도 삭힌 짚을 잘라서 섞는다. 짚은 흙을 잡아 주어 벽이 덜 갈라지도록 한다. 흙도 반죽해서 사흘 넘게 숙성한 뒤에 쓰면 쉽게 부스러지지 않는다. 흙 바르는 과정은 크게 **초벌바름**과 **정벌바름**으로 나눈다. 초벌바름을 할 때는 '맞벽치기'라 하여 벽체틀 안과 밖에서 큼직큼직하게 발라 준다. 초벌바름 한 흙이 마르고 나면 **고름질**을 하는데 초벌바름 한 벽을 다듬는 일이다. 그 다음 마무리로 정벌바름을 한다. 이 정벌바름할 때는 진흙도 말려서 선풍기를 틀어 놓고 체를 쳐서 가장 곱게 쌓인 것을 쓴다.

초벌 미장을 하고 있다. 마감 미장을 하고 있다. _양평 도장리 현장

　미장 재료로 보통 진흙, 마사토, 모래를 섞어서 쓴다. 진흙은 차지지만 입자가 너무 고와서 진흙만 쓰면 실금이 생긴다. 진흙에 모래와 마사토를 같이 섞어 쓰면 실금을 많이 줄일 수 있다. 또 모자반이나 도박 같은 바다풀에 물을 붓고 몇 시간 끓인 뒤 물만 걸러내어 수사(삼나무의 섬유질)를 섞어서 석회 반죽을 만들어 회벽 마감을 한다. 바다풀 물, 짚, 수사 모두 벽이 갈라지는 것을 막기 위해 쓴다.

　요즘에는 시멘트와 볏짚을 섞은 흙 반죽을 많이 쓴다. 시멘트 대신 석회를 쓰는 것이 좋다. 석회는 더없이 강하고 질겨서 시멘트처럼 깨져 부서지지 않는다. 또 벌레도 쫓는다. 무엇보다 시멘트에 섞여 있는 혼합물(산업폐기물)이 없다. 하지만 석회는 시멘트보다 천천히 굳고, 굳으면서 갈라진다. 그래서 재벌 바름으로 그 틈을 메워야 한다.

　오래도록 미장 일을 하신 분 말씀을 들어 보면, 흙을 어떤 재료를 어떤 비율로 섞어서 반죽하느냐에 따라 일의 결과가 달라진다고 한다. 더 재미있는 건, 같은 흙을 써도 그 흙을 다루는 솜씨가 어떤지, 그때그때 날씨를 봐 가며 일을 했는지에 따라 결과가 확연히 다르다고 한다.

●

튼튼한 벽 만들기   미장에서 가장 중요한 것은 마감벽이 갈라지지 않는 것이다. 흙 바르는 두께를 조금만 잘못해도, 흙손으로 누르고 문지르는 힘이 조금만 안 맞아도, 반죽한 흙이 조금만 뭉치고 덩어리가 져도 실금이 생긴다. 말리는 시간도 중요하다. 흙을 개어서 바르면서 발라 놓은 흙도 마르고, 반죽도 계속 말라가니까 굳기 전에 부지런히 일해야 한다. 그래야 실금 없는 깨끗한 벽면을 얻을 수 있다. 그러고 보니 토수 분들이나 목수들이나 꼭 같은 처지란 생각이 든다. 목수도 나무가 말라서 줄어드는 것을 생각해 먹을 긋고, 톱질을 한다. 또 만들어 놓은 부재를 오래 두지 않고 부지런을 떨어야 나무가 갈라 터지기 전에 집을 짜 맞출 수 있다.

흙벽은 시간이 지나면 실금이 생기고, 또 나무도, 흙도 마르면서 줄어들어 틈이 생긴다. 그러면 겨울 찬바람과 작은 벌레들이 드나드는 길이 열리게 된다. 그래서 오랫동안 한옥은 '추운 집'이란 오명을 뒤집어쓰고 있었다.

한옥을 더 좋게 짓고자 노력하는 이들이 많고, 한옥을 따뜻하게 지으려는 새로운 생각들이 생겨났다. 그 가운데 벽체 단열법 하나를 소개하고자 한다.

벽체에 틈이 생기는 것을 막고, 가운데에 공기층을 두어 방안을 따뜻하게 하는 것이다. 손가락 세 마디 정도 폭으로 나무틀을 짜고 부직포로 감싼 다음 그 안에 왕겨숯을 넣는다. 이 왕겨숯 틀을 벽체 가운데 짜 넣고 안팎으로 흙 미장을 한다. 작은 왕겨 사이사이에 수많은 공기층이 있어 집안을 따뜻하게 하고, 숯으로 만들어 넣었으니 벌레도 덜 생긴다. 실제 시공을 해 보니 집주인들이 집이 따뜻하다고 좋아했다.

요즘에는 왕겨숯 대신 인공 토양을 넣기도 한다. 이렇게 하면 벌레가 더 안 생긴다.

틀 안에 왕겨숯이 가득 차 있다.

왕겨숯 틀 위에 초벌 미장을 하고 있다.

●

걱정거리 하나 현장에서 일하는 토수들의 노고는 말로 이루 다할 수 없다. 흙을 만지니 손과 몸이 온통 흙으로 뒤덮인다. 하지만 토수들이 있어 집 짓기가 깨끗하게 마무리 된다. 가장 지저분해 보이지만 사실 가장 깨끗한 마감을 하는 이가 바로 토수들이다.

한옥을 지을 생각을 가진 이라면 토수들이 가지는 걱정거리에 귀 기울일 필요가 있다. 바로 '시간하고 싸움'이다. 흙은 숙성이 필요하고, 초벌, 재벌, 정벌미장에서도 바르고, 마르고, 갈라진 틈을 다시 메워 바르는 시간이 필요한데 이 시간을 줄이기 위해 시멘트를 섞어 넣고, 석회 대신 백시멘트를 쓴다. 공사 기한은 줄어들겠지만 참된 집, 건강한 삶과는 거리가 있다. 게다가 일이 힘들고 벌이도 적고, 사회 지위가 보장되지 않으니 미장 일을 배우려는 젊은이가 없다. 걱정스러운 일이다. 씁쓸한 현실에 혀만 차지 말고 전통 건축 분야에 사회 보장 제도를 하루빨리 갖춰야 하지 않을까 싶다.

구들

구들 눈이 내리는 겨울밤. 자주 마렵던 오줌을 참지 못하고 대청마루 아래 댓돌에 서서 볼일을 보면 한겨울 찬바람에 온몸이 절로 오그라들었다. 얼음장 같은 날씨에 깨금발로 후다닥 구들방으로 들어가 이불 속에서 언 몸을 녹였다. 내 어린 날 그때 작은 구들방을 가득 채웠던 그 따뜻함을 아직 기억하고 있다.

난 구들방에서 태어나 1970년대는 연탄보일러, 1980년대는 기름보일러 집에서 살았다. 지금 사는 아파트는 가스보일러로 방을 따뜻하게 한다. 아궁이에 장작을 때 열기를 일으키지는 않지만, 이것들도 모두 우리 전통 난방문화인 온돌이다. 온돌은 아궁이에 불을 때서 방바닥에 깔린 구들장을 달구어 방을 데운다. 바닥에서 열을 내어 방 전체를 따뜻하게 하는 방식이라 몸은 따뜻하게 머리는 시원하게 할 수 있으니 참 좋다. 벽난로로 난방을 하는 북유럽보다 열효율이 더 좋은 데다가 음식까지 끓이고 찔 수 있으니 저탄소 친환경 고효율 난방이라 할 수 있다.

온돌은 우리 말로 '구들'이다. 구들은 '구운 돌'에서 왔다고도 하고, 바닥에 불구덩이가 지나는 통로인 '굴'에서 왔다고도 한다. 신석기시대 화덕과 부뚜막을 쓴 흔적이 있는 걸 보면 오천 년 전쯤에 생겨난 듯하다. 한번 짚어볼 일은 집안에서 입식생활을 하다가 온돌이 들어오면서 좌식생활을 하게 된 점이다. 침대를 대신해 이불과 요를 쓰고, 의자와 탁자 대신 서안이나 소반이 생겨났다. 신발을 밖에 벗고 방안으로 들어오니 집안이 깨끗하게 되었다. 집안이 더 따뜻해져서 추운 겨울을 편하고 건강하게 날 수 있게 되었다. 또 가족끼리 더 살갑게 지내게 되었을 것이다.

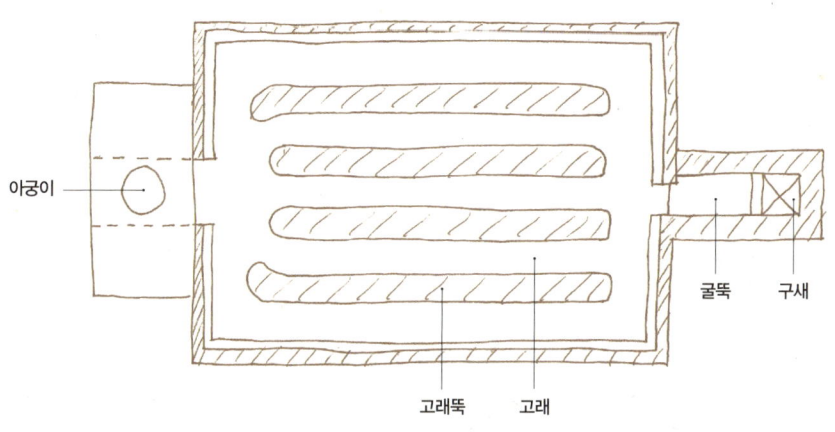

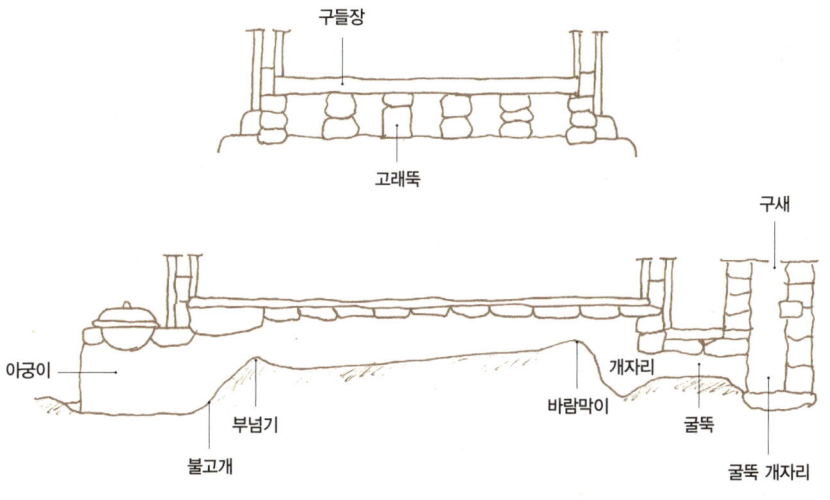

●

구들이 방을 데우는 원리 온돌은 불을 때는 곳인 아궁이와, 불기를 보존하고 불을 이동시키는 고래, 마지막으로 남은 열기와 연기를 내보내는 굴뚝과 구새˚로 되어 있다.

어릴 때 아궁이 앞에서 불을 지피는 할머니 옆에서 군불이 타들어가는 것을 여러 번 지켜보았다. 발간 불들이 바람에 머리채가 날리듯 아궁이 안쪽으로 쏠리며 잘 타는 것이 신기했다. 할머니가 손수 부러뜨려 주신 잔가지를 불길에 얹어 보면 타닥타닥 똑 부러진 소리를 내며 잘도 타들어 갔다. 아궁이 안쪽으로 쏠려 타는 불길을 고개 숙여 쳐다보면 안쪽에는 큰불길이 무서운 기세로 불고개를 타고 오르며 부넘기(불목)를 넘어가고 있었다. 그때는 부뚜막 아궁이 군불이 왜 그렇게 잘 타는지, 아궁이불은 왜 언제나 구들 안쪽으로 빨려들듯 타드는지 참 신기했다. 여기에는 우리 선조들 지혜가 담겨 있다. 모든 바람은 넓은 곳에서 좁은 곳으로 세차게 움직인다. 또 공기는 뜨거워지면 부풀어 올라갔다가 식으면 무거워져 가라앉는다. 그래서 아궁이는 낮고 넓게 자리하도록 만든다. 이곳에 불을 때면 뜨거워진 열기와 불길은 불고개를 타고 올라 좁게 만든 부넘기를 쏜살같이 넘어가는 것이다. 뜨겁게 팽창한 열기는 여러 갈래로 난 고래를 따라 달리듯 가고 고래뚝에 부딪쳐 둥근 원을 그리며 구들 안에 오래 남아 있게 된다. 이렇게 가둬진 열은 구들장을 달구고, 뜨거워진 구들장은 방바닥을 데우고, 데워진 방바닥은 방안을 따듯하게 한다. 고래 바닥은 윗목으로 갈수록 높아지게 만들어 위쪽으로 타고 오르려는 열기가 빠르게 방 전체로

˚ '구새'는 구들에서 마지막으로 연기를 내보내는 곳을 말한다. 흔히 '굴뚝'이라고 잘못 부르고 있는데, 굴뚝은 고래개자리에서 구새까지 수평으로 지나가는 둑을 이른다.

아궁이를 만들고 있다. _영주 남대리 현장

실을 띄우고 벽돌을 놓고 있다. _영주 남대리 현장

퍼지게 한다. 또 고래 바닥 끝부분에 바람막이를 쌓아서 열기가 오래도록 구들 안에 머물도록 한다. 구들 안 열기가 오래도록 뜨겁다가 식으면 낮게 파진 고래 개자리로 내려오게 하고, 고래보다 낮게 만든 굴뚝 개자리를 통해야 비로소 밖으로 빠져나가도록 했다.

불을 때는 곳과 불이 나가는 곳 높이가 거의 같아서 열기가 밖으로 나가지 못하게 가둬 두는 것이 바로 우리 온돌방 원리다. 서양 난방은 벽난로에 불을 때서 앞자리만 따뜻하게 한 뒤 거의 모든 열이 곧바로 굴뚝을 타고 밖으로 나간다. 우리 온돌에는 서양 난방과는 전혀 다른 기술이 숨어 있는 것이다. 그래서 구들방 굴뚝은 식은 열기와 연기가 나와 벽난로 굴뚝처럼 뜨겁지 않고, 땔감을 조금만 써도 방을 오래도록 따뜻하게 할 수 있다.

질 민든 구들방이라면, 땔감은 적게 들고, 불은 잘 붙어야 하며, 방이 빨리 데워지고 오래도록 따뜻해야 한다. 그러려면 아궁이는 낮아야 하고, 불고개 개자리와 굴뚝 개자리는 깊어야 한다. 마른 연료를 쓰며, 방바닥 두께를 줄이고, 완전 연소를 위해 불문과 굴뚝을 막을 수 있어야 한다. 보온을 위해서 구들장 위를 마른 황토와 자갈로 잘 채우면 좋고, 열이 아궁이나 구새로 빠져나가지 않도록 해야 한다.

줄고래를 놓았다. _영주 남대리 현장

구들돌은 고래 둑 위에 굄돌 위에 올려 놓인 넓고 넓적한 돌을 말하는데 방바닥을 이룬다. 또 열을 가둬 두는 중요한 역할을 한다. 불이 막 들어오는 아랫목은 두꺼운 구들장을 쓰고 아궁이에서 멀리 떨어진 윗목은 얇은 구들장을 쓴다. 구들돌로는 점판암, 석회암, 현무암 들을 쓰는데 요즘에는 현무암이 규격재로 많이 나와 있다.

●

여러 가지 구들 고래는 방바닥 밑 고래 둑과 고래 둑 사이의 공간으로 아궁이에서 불로 뜨거워진 열기가 지나는 길이며, 그 열기가 머무는 공간이다. 굴뚝 쪽은 높고 아궁이 쪽은 낮아서 열기가 식은 가스는 고래 바닥으로 내려오고, 뜨거운 열기는 위쪽에 머물러 열이 보관된다. 고래는 만드는 모양에 따라 줄 고래, 흩은고래, 부채고래, 줄고래와 흩은고래를 섞어 쓰는 혼합고래, 되돌린고래 따위로 나눈다. 이 가운데 가장 많이 쓰는 고래는 줄고래다.

줄고래(일자고래)는, 직선으로 고래뚝을 만들어 구들장을 받치는 방법을 말한다. 줄고래는 옛날부터 전해오던 구들로 우리 선조들이 제일 많이 쓰던 방법이다. 줄고래는 아궁이 불길을 고래 개자리까지 보내면서 열을 구들장으로 전달하는 방법으로, 땔감을 조금 써도 방을 오래 따뜻하게 할 수 있다는 장점을 가지고 있다. 줄고래는 열이 빠르게 고래 개자리 속으로 빨려 들어가며 멀리 보낼 수 있기 때문에 방이 긴 곳에 좋다.

부채고래는 일자고래와 같은 줄고래 가운데 하나로, 고래뚝을 부챗살 꼴로 놓는 구들이다. 아궁이 쪽에서 볼 때 방 길이보다 폭이 넓은 큰방에 알맞다.

흩은고래는 고임돌을 불규칙하게 설치하는 방법으로, 자연석 구들장에 많이 사용한다. 흩은 고래는 불기가 나아가면 고임돌이나 고래뚝을 만나게 된다. 이를 피해 가며 또 만나기를 반복하면서 열을 많이 보낼 곳과 적게 보낼 곳을 조절하므로 열이 굴뚝으로 빨리 나가지 못하고 구들 안에서 오래 머문다. 폭이 넓은 방에 흩은고래를 놓으면 아랫목 양쪽 귀퉁이 부분에는 열이 잘 전달되지 않을 수 있으므로 아궁이 불목에서 줄고래로 양쪽 귀퉁이까지 불길이 오도록 해 주는 것이 좋다. 고래에서 고래턱으로 넘어가는 통로는 굴뚝 거리가 멀수록 넓혀 주고 가까우면 줄여 주어야 연기가 잘 빠져나간다.

줄고래와 흩은고래를 함께 쓰기도 한다. 아궁이에서 만든 불길을 줄고래를 통해 냉기와 습기가 많이 생기는 바깥벽 쪽으로 끌어들인다. 방이 클 때는 줄고래를 두세 줄 놓을 수도 있다. 남은 열기가 고래 개자리로 빠지지 않고 방안 공기를 데우기 때문에 열효율을 올리는 데 좋다.

두방내고래는 한 아궁이로 두 방을 데우는 방법이다. 일손을 줄이고 땔감도 아낄 수 있다. 또 뜨거운 방과 따뜻한 방으로 나누어 쓸 수 있다. 방 길이가 길거나 두 방이 이어져 있을 때 두 번째 방의 반 지점까지 줄고래를

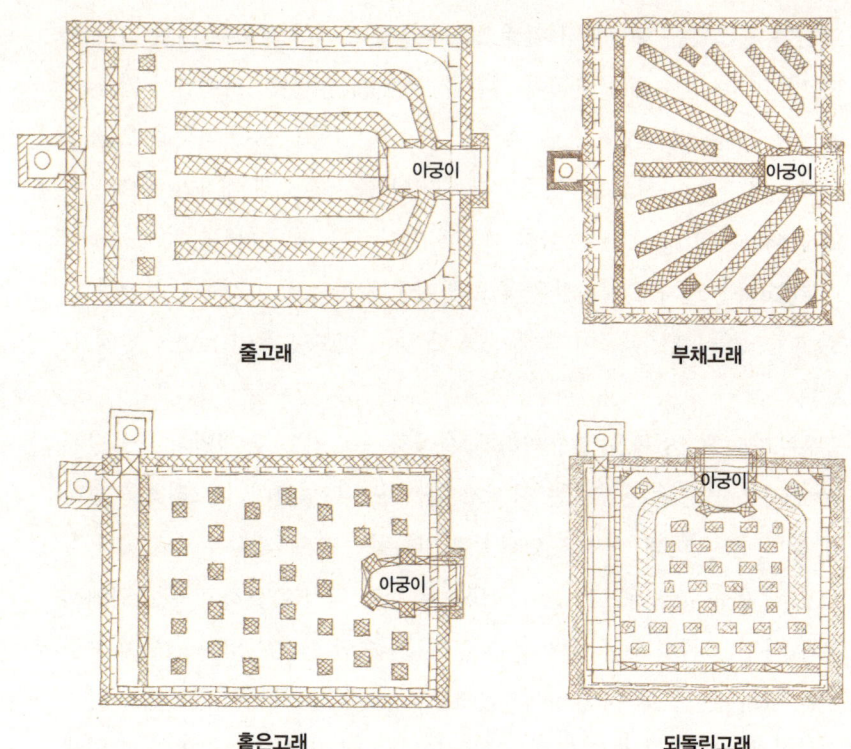

줄고래 부채고래

홀은고래 되돌린고래

놓고 그 뒤부터 흩은고래를 놓아 열이 오래 머물도록 한다.

되돌린고래(되돈고래, 대동고래)는 아궁이 방향으로 굴뚝을 내는 방법이다. 원하는 방향에 굴뚝을 놓고 고래 개자리로 넘어간 불기를 내굴길로 이끈다. 고래 개자리에 유도관을 묻을 수도 있고, 개자리처럼 판 다음 벽돌로 쌓아 남은 열을 간직하면서 연기를 내보낼 수도 있다.

마루

●

마루, 밖으로 열린 방 구들이 추운 지방에서 생겨난 유산이라면, 마루는 더운 여름을 시원하게 보내려고 남쪽 지방에서 생긴 보배다. 신을 벗고 방처럼 쓰면서 사방이 막혀 있지 않은 공간이며 마당과 방, 방과 방 사이를 잇는 공간이기도 하다. 마루는 속이 훤히 들여다보이는 열린 방이다. 우리 한옥에만 있는 이런 공간은 다른 문화나 민족한테서는 찾아보기 힘들다. 방과 이어진 넓은 대청은 예전에 제사나 잔치 같은 집안 행사 때 신위를 앉히고 평소에는 신주를 모시는 신성한 공간이었다. 또 가족끼리 서로 안부를 묻고, 집안일을 의논하는 곳이었다. 밥을 먹고, 책을 읽고, 낮잠을 청하는 마루는 밖으로 열린 공간이므로 못난 말이나 흉한 일들이 생길 수 없는 언제나 밝고 편안한 쉼터다.

●

여러 가지 마루 놓인 자리로 보면 '대청마루', '툇마루', '쪽마루', '누마루'가 있고, 마룻장을 까는 형식으로 보면 '우물마루', '장마루'가 있다. 또 들어서 옮길 수 있는 '들마루'가 있다.

　대청마루는 집 한가운데 있으며 크고 작은 집안일을 치르고 의논하는 곳이다. 크기는 방과 같거나 더 큰 경우도 많다. 대청마루는 보통 우물마루

넓은 대청이 툇마루와 이어진다. _남산골 한옥마을 박영효 가옥   툇마루 _낙안 읍성

로 깐다.

툇마루는 툇간에 놓는 복도 같은 마루를 말한다.

쪽마루는 기둥 밖에 놓는 발 디딤용 마루다. 방문 앞에서 벽에 기대어 앉아 바깥 풍경을 보거나 쉴 수 있도록 만들었다. 따라서 귀틀 한쪽은 기둥에 맞춤 하지만 맞은편 귀틀은 기둥 밖에서 동바리에 의지한다.

누마루는 땅에서 높게 띄워진 누에 만드는 마루다. 누마루는 기둥과 주춧돌 사이를 막지 않고 뚫어 놓아 바람이 잘 통하도록 한다. 주로 사랑채에 딸리고, 여기서 손님을 받거나 바깥 풍경을 바라보기도 하고 글을 읽기도 한다. 이 누마루는 주로 우물마루를 깐다.

들마루는 사람이 들어 옮겨 다닐 수 있도록 만든 마루다. 마당에 두는 '평상'도 들마루다.

우물마루는 장귀틀과 동귀틀을 井자 꼴로 짜 맞추고 마룻장을 끼워 만든다. 장마루는 귀틀에 받침 턱을 내고 장선을 깐 다음 그 위에 긴 마룻장을 가지런히 얹어 만든다.

쪽마루 _남산골 한옥마을 박영효 가옥

누마루 _양동 마을 관가정

우물마루 _광주 안씨 종갓집 현장

●

마루 부재 준비하기 대청마루는 **장귀틀**과 **동귀틀**, 그리고 **마루청판**으로 이루어진다. 마루 귀틀 가운데 가장 바깥쪽에 두르는 귀틀은 **여모귀틀**이라 한다.

장귀틀 폭은 각기둥 폭보다 1치에서 2치 정도 적게 하고 춤은 폭보다 1치에서 2치 정도 적게 한다. 원기둥은 지름의 10분의 6.5정도 (기둥 지름이 1.2자 일때 귀틀은 약 8치)를 장귀틀 폭으로 삼는다. 살림집은 장귀틀 폭을 7치 정도로 쓰며 춤은 5치 이상으로 하되 폭보다 크게 쓰지 않는다.

동귀틀 폭과 춤은 장귀틀보다 1치 정도 적게 쓴다.

여모귀틀은 네모기둥 굵기와 같게 하거나 조금(1치 정도) 작게 만들어 쓴다. 원기둥에 쓰는 여모귀틀은 기둥 굵기보다 2치 정도 적게 쓴다. 춤은 장귀틀과 같게 한다.

기둥과 귀틀을 맞추면서 잊지 않아야 할 것은 귀틀끼리 물리는 끝점이 기둥 속으로 들어가지 않도록 해야 한다는 것이다. 그래야 마룻장을 기둥 속까지 밀어 넣지 않게 된다. 그러기 위해 기둥 속에서 귀틀 물림을 미리 그림으로 그려 보면서 귀틀 크기를 정하는 것도 좋다.

마룻장을 만들 때는 보통 폭 8치에서 1자 사이, 두께는 1.5치에서 2치 정도로 한다.

●

우물마루 놓기 한옥 마루는 대부분 우물마루다. 대청에 우물마루를 어떻게 까는지 한번 살펴보자.

우선은 장귀틀과 동귀틀, 그리고 마룻장을 필요한 크기로 대패질한다. 그리고 귀틀에는 중심먹을 놓는다. 기둥과 기둥 사이에 걸치는 장귀틀은

우물마루 귀틀. 장귀틀은 기둥에 물리고 동귀틀은 장귀틀에 물린다. _영덕 영천 이씨 재실 현장

폭이 일정하지만, 장귀틀 사이에 걸치는 동귀틀은 양쪽 끝 폭이 다르다. 예를 들어 길이 9자 동귀틀 한쪽 폭이 7치면 맞은편 폭은 1치 정도 줄여 6치가 된다.

폭이 넓은 막장 귀틀홈에 마룻장을 초장, 이장, 삼장 순서로 밀어 넣는다. 또는 폭이 일정한 동귀틀을 장귀틀 사이에 비스듬히 걸쳐서 마룻장을 끼우기도 한다.

마룻장은 윗면을 평평하게 대패질하고 마룻장끼리 붙는 옆면은 비스듬히 대패질한다. 이렇게 하면 마룻장끼리 붙였을 때 틈이 벌어지지 않고 꼭 붙게 된다.

두 번째로 기둥에 귀틀 끼울 자리를 판다. 마루는 보통 하인방 윗부분에서 아래로 2치 정도 깎게 되므로 기둥에 물수평을 보고 먹실을 쳐서 귀틀 끼울 자리를 표시한다.

표시한 먹금에서 귀틀 높이만큼 깊이 1치 정도로 기둥을 판다. 귀틀은 기둥에 통 넣기를 한다. 앞뒤 기둥에 물리는 장귀틀을 귀틀 춤만큼 미리 파놓은 기둥에 물린다.

이 장귀틀에 앞뒤에 있는 여모귀틀이 맞닿도록 기둥에 물린 다음 두 번

쪽마루를 깔기 위해 물수평을 본 뒤 먹실을 쳐서 귀틀 자리를 따냈다. _정읍 보수 현장

여모귀틀도 실을 띄워 수평을 보아 가며 만들어 붙인다. _정읍 보수 현장

째 기둥 열에 세로 장귀틀을 물린다. 세로 장귀틀은 기둥에 통맞춤하며, 가로 장귀틀과 여모귀틀은 외장부촉을 내어 세로 장귀틀에 파 놓은 장부 홈에 끼워 대어 기둥과 함께 물리게 한다. 하인방과 맞닿는 귀틀이 딱 붙지 않고 틈이 생기면 그레질을 하여 빈틈을 없애야 한다.

장귀틀에 동귀틀을 두 자 안 되게 사이를 두고 가로로 나란히 걸친다. 곡자로 장귀틀 옆면에서 수선을 그어 올려 동귀틀 길이를 하나하나 재 표시한다. 동귀틀 폭이 같을 때는 한 칸은 넓게 되도록 벌리고 다음 칸은 좁

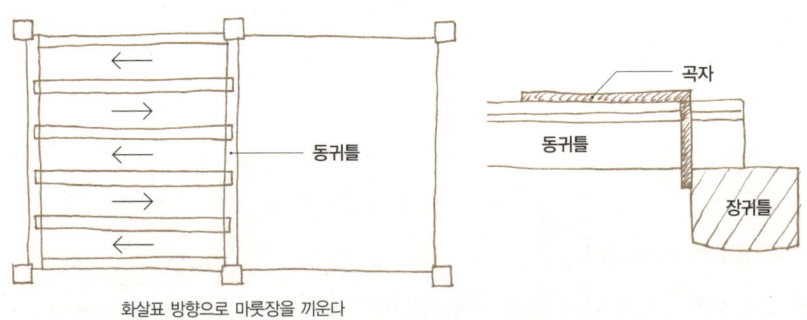

화살표 방향으로 마룻장을 끼운다

게 되도록 동귀틀을 오므려서 장귀틀면에 마룻장 물림이 막장와 첫장이 칸별로 번갈아 생기도록 놓는다. 동귀틀도 폭이 넓은 것과 좁은 것을 번갈아 놓는다.

기둥에 물려 있던 장귀틀을 빼낸 다음, 외장부를 길게 낸 동귀틀을 장귀틀에 물린다. 장귀틀 춤이 큰 경우는 쌍장부를 내어 물려도 좋다. 이렇게 해서 첫 칸 귀틀 놓기를 마무리한다.

마지막 칸 귀틀은 밀어올리기와 그레질이 필요하다. 마지막 기둥 줄에 세로 장귀틀을 끼워 댄다. 여모귀틀은 장귀틀 위에 올려놓고 실제 길이를 잰 다음 그 길이보다 한두 푼 늘여서 끼운다. 이렇게 낄 때는 장귀틀에 큰 홈을 파고, 이 홈에 여모귀틀을 밀어 올린 다음 하인방 쪽으로 붙인다. 빈 공간으로 남은 큰 홈에는 나무토막을 못 박아 메운다.

이제 동귀틀을 장귀틀에 끼워 넣는다. 여모귀틀과 이웃한 동귀틀은 장귀틀에 파놓은 큰 홈에 끼운다. 나머지 가운데 쪽 동귀틀은 되맞춤을 하면 손쉽게 끼울 수 있다.

동귀틀에 마룻장을 끼울 수 있도록 윗면에서 7푼에서 8푼 아래에 홈을 판다. 막장을 끼우는 곳은 윗면을 6푼 정도 파내 위에서 내려 맞춘다. 막장

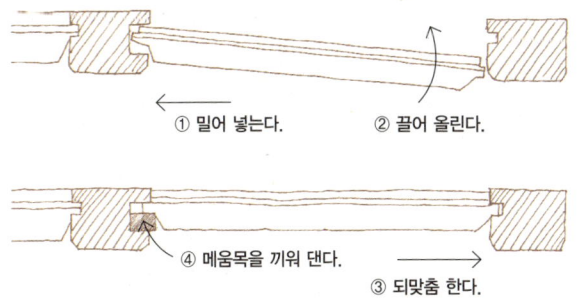

① 밀어 넣는다.　② 끌어 올린다.
④ 메움목을 끼워 댄다.
③ 되맞춤 한다.

동바리로 귀틀을 받치고 있다.
_청도 송만정 보수 현장

 장부홈 아랫부분을 더 파 내려서 마룻장을 아래에서 위로 끼워 끼우기도 한다. 이렇게 하면 막장을 끼워 올린 다음 마룻장 아래 더 파진 빈 곳에 메움목을 못 박아 넣어야 한다.
 귀틀 아래에 동바리를 대 귀틀이 출렁이지 않도록 괴어 준다.
 우물마루 마룻장은 촉을 만들어 동귀틀 홈에 차례로 끼워 넣고 막장은 그레질하여 마감한다. 마룻장을 동귀틀에 나란히 맞붙여 올려놓는다.
 좌우 동귀틀 옆면에서 끌어올린 수선을 처음과 마지막 마룻장 위로 긋고 이 수선을 잇는 먹을 친다. 이때 5푼씩 양쪽으로 벌려 동귀틀 장부홈에 끼워 대는 촉을 만들기 위한 먹을 함께 친다. 수선을 연결한 먹에 깊이 7푼 정도로 원형톱을 넣는다. 이때 먹선을 살리기보다 반으로 가른다는 생각으로 톱을 넣는다. 톱을 넣을 때 안쪽으로 약간 비스듬히 한다. 양쪽으로 5푼씩 벌린 촉장부 먹선은 원형톱으로 잘라낸다.
 홈대패나 원형톱을 써서 동귀틀에 파진 홈의 폭보다 약간 작게 촉을 만든다.
 마룻장을 초장부터 끼워 나간다. 막장은 그레질을 해서 끼운다.
 마룻장을 다 깔면 일일이 발로 밟아 보아 울렁대는 곳이 있으면 마룻장

아래에 접착제 바른 쐐기를 박아 넣어 단단히 고정한다. 마룻장이나 귀틀에 튀어나온 부분이 있다면 대패질과 사포질을 한다.

여러 번 마루를 깔아 보니, 마룻장을 너무 빡빡하게 끼우면 여모귀틀이 휘고 심하게는 기둥까지 밀려나기도 한다. 오랫동안 말린 나무로 마룻장을 쓴다 해도 한 해를 못 넘겨 마룻장이 벌어지는 것을 여러 번 보았다. 바짝 마른 마

마룻장을 동귀틀에 올려놓은 다음 먹선을 긋고 톱으로 잘라낸다.

마룻장을 끼우고 있다. _영덕 영천 이씨 재실 현장

룻장을 한겨울에 빡빡하게 끼면 여름에 습기를 먹고 부풀어 터져 오르기도 한다. 그래서 마룻장은 너무 빡빡하게 끼울 필요가 없다. 차라리 틈만 없을 정도로 끼우고 한 해 지나 마룻장 조이기를 하는 것이 좋다.

  마룻장을 조일 때는, 초장을 전부 또는 일부만 잘라 없애고 빈 공간으로 남은 마룻장을 차례로 밀어 넣은 다음 막장을 새로 그레질해 끼워 넣으면 된다.

문과 창

●

문은 그 집의 눈이다 벽과 바닥까지 마련했으면, 이제 문과 창을 만들어 달아야 한다.

울타리나 담은 집안을 보호하기 위해 둘러막은 것이며, 집 안과 밖을 가르는 경계다. 이 울타리나 담에 밖으로 통하는 곳에 열고 닫을 수 있도록 만든 것이 바로 **대문**이다. 대문은 '큰 문(大門)'이란 뜻이다. '솟을삼문', '솟을대문'처럼 말이나 가마를 타고 들어갈 정도로 큰 문도 있고, '사주문'처

사립문. 아침에 열면 잠자리에 드는 밤까지 열려 있는 문이다. 담장처럼 들짐승이 들어오지 못하게 하는 소박한 문이다. _낙안읍성

럼 기둥 네 개를 세워 만든 문, 기둥 두 개를 세워 만든 '일각문'이나 '평대문'도 있다. 하지만 대문이라 하여 모두가 큰 것은 아니다. 살림집 싸리문처럼 소박한 문도 있다.

방문은 방 안에 있는 사람이 편히 쉴 수 있는 공간을 만든다. 헛간 문, 곳간 문, 똥간 문은 안에 있는 것을 지키고 가려 준다. **창문**은 빛과 바람이 드나드는 것을 조절한다.

문은 우선 사람들이 들고 나기 위한 것이며, 문을 닫게 되면 울타리나 담장과 같은 보호 기능을 한다. 또한 문은 손님을 맞이하고 손님은 문 앞에서 옷매무새를 고치는 예의 공간이다. 또 집안에서 바깥을 살펴보는 집의 눈이기도 하다. 눈 맑은 얼굴이 예뻐 보이듯 잘생긴 문이 집에 멋을 더한다.

●

여러 가지 문　문은 크게 출입문과 창문으로 나눌 수 있고, 여는 방식으로 구분하자면 여닫이와 미세기, 들창으로 나뉜다. 또 여닫이와 들문이 합쳐진 분합문도 있다. 문을 단 자리로 보면 대문, 중문, 방문, 협문, 부엌문, 곳간문, 헛간문 따위가 있다.

대문은 집안으로 드나드는 주요 통로에 다는 문이다. '솟을삼문', '솟을대문', '평대문', '사립문'도 대문이다. 예나 지금이나 대문이 그 집 크기나 집주인의 지위를 나타내기도 했다.

중문은 행랑채와 사랑채, 안채처럼 집안에 있는 공간을 나누어 드나드는 곳에 세우는 문이다. 예전에는 한집에서도 남녀에 따라 신분에 따라 생활 공간이 달랐고, 이 공간을 나누는 담장 한 켠에 중문을 세웠다. 중문은 집 크기와 구조에 따라서 여러 모양으로 세웠는데 주로 '일각문', 또는 작은

대문으로 많이 쓰는 사주문. 큰 건물에서 중문으로도 쓴다. _남산골 한옥마을 윤택영 가옥

살림집 평대문 _영주 무섬 마을

솟을대문 지붕은 양쪽 대문채 지붕보다 우뚝 높이 솟아 있다. _강릉 선교장

'사주문'으로도 만든다.

협문은 키 작은 문으로 '샛문'이라고도 한다. 출입이 필요한 담장에 사람 한 몸 살짝 드나들 수 있도록 달았다. 협문보다 조금 큰 출입문으로 **일각문**이 있다. 일각문은 사랑채와 안채 사이나 사랑채와 사당 사이처럼 집안 건물 사이를 가려 놓은 담장에 기둥 두 개를 세워 만든다. 일각문은 작은 대문으로도 더러 쓴다. **사주문**은 보통 대문으로 많이 쓰며 기둥 네 개•를 세워 제법 크게 만든다.

여닫이는 들고 날 때 앞뒤로 당기거나 밀어서 열리는 문이나 창이다. 주로 대문이나 방문, 창문 덧문처럼 도둑을 막기 위해 달거나, 곳간이나 벽

• 사주문 기둥은 실제로는 여섯 개다. 기둥 네 개를 세워 보를 건너지르고 앞뒤로 도리를 받는다. 그리고 대문을 달기 위해 보 아래에 기둥을 양쪽으로 세워 댄다.

협문. 기둥 두 개가 휘어져 멋스럽다. 빗장걸이에 꽃과 인삼을 조각해 놓았다. _학사재

사랑채 사랑마당에서 안채로 통하는 곳에 일각문을 세웠다. _영주 해우당 고택

장 같은 곳에 단다.

 미닫이나 **미세기**는 옆으로 밀어서 여닫는 문이나 창이다. 칸막이 구실을 하거나, 빛과 공기를 들이고, 소리를 막고, 따뜻하게 하기 위해 단다. 화장실 창으로 작게 만들어 달기도 하고, 여닫이 덧문 안쪽에 다는 경우가 많다.

 분합문은 한쪽 고정문과 한쪽 여닫이문이 한 조로 되어 겨울철에는 한쪽

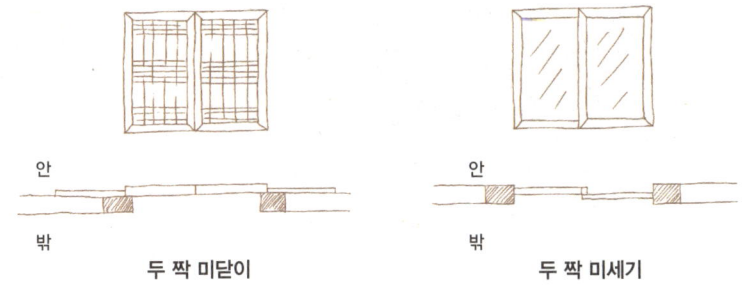

두 짝 미닫이 / 두 짝 미세기

분합문을 들어 올려 대청마루와 방을 하나의 커다란 공간으로 만들었다. _남산골 한옥마을 순정황후 윤씨 친가

여닫이문만으로 드나들고, 여름철에는 여닫이문을 고정문에 겹친 채 들어 올려 서까래에 달린 조철(달쇠, 들쇠)에 걸어 출입구가 모두 터 있도록 한다. 그래서 '들어열개'라고도 한다. 이 분합문은 보통 네 짝으로 만들지만 세 짝으로 만들기도 한다. 보통 대청에 이웃한 방문에 만들고 툇마루가 있는 대청이나 누마루에 만들기도 한다.

앞쪽으로 툇마루가 있는 작은 대청을 방처럼 꾸밀 수도 있도록 네 짝 분합문을 달았다. _영주 무섬마을

빛과 바람을 받는 창 **들창**은 빛이나 바람을 받기 위해 밖으로 밀어 올려서 열리도록 한 작은 창을 말한다. 들창은 화방벽(전벽돌 따위를 쌓아 불에 타지 않도록 한 벽) 위나 부엌 다락, 창고에 내는 창으로 상인방에 돌쩌귀를 달아 들어 올린다. **고창**은 문 위에 빛 또는 신선한 공기를 받기 위해 다는 창으로 들창처럼 열리기도 하고 붙박이로 고정해 열 수 없게 만들기도 한다. 살대를 교살로 하기 때문에 '교살창'이라고도 한다. 주로 큰 건물이나 살림이 넉넉한 집에 많이 달았다. **광창**은 빛을 받아들이기 위해 따로 만든 창이다.

봉창은 빛을 들이기 위해 만드는 창인데, 벽체 일부에 창틀조차 없이 얼기설기 나무대를 꽂고 얇은 창호지만 발라 만든다. 말 그대로 봉해진 창이다. 또 벽 위쪽에 밖을 바라볼 수 있도록 아주 작게 꾸민 창을 '바라지창'이라 한다.

한옥에 있는 문들을 조금 더 자세히 살펴보자. 우리네 전통 살림집에서는 대문을 빼고는 문이나 창은 모두 밖으로 열리도록 되어 있다. 대문은

네 짝 분합문 위에 고창을 달았다. _해남윤씨 녹우당

대문채 작은 방에 화방벽 위로 들창을 달았다. _영주 무섬마을

벽을 세우고 문을 낸다 221

방 위쪽에 봉창(점선 동그라미 안)을 내었다. _영주 무섬마을

안쪽에서 열도록 다는데, 이는 다른 사람(손님)을 정중히 맞이하는 뜻을 담은 것이다. 방문이 밖으로 열리는 것은 비좁은 방을 쓰는 데 좋도록 한 것이다.

  이에 반해 현대 건축물에서는 문이 안쪽으로 열리도록 설계한다. 당연히 잠금장치는 안쪽에 단다. 이 문들은 하나같이 벽 어느 한쪽으로 치우쳐 있다.

  집안에서 단순히 공간을 나누는 곳에는 미닫이나 미세기를 단다. 거실에 딸린 부엌, 대청마루와 툇마루 사이에 있는 문은 미닫이문을 단다. 미세기는 보통 화장실에 달린 작은 두 짝 창으로, 창문을 닫으면 창틀이 서로 엇갈리도록 되어 있다. 미닫이는 문을 닫으면 문틀이 서로 맞대어진다.

우리 전통 창문   우리 옛사람들은 옆으로 길쭉한 네모꼴로 집을 지었다. 앞뒤로 처마를 내고 집 앞으로 대문과 마당을 두었다. 집 앞쪽은 따뜻한 볕을 받기에 문이나 큰 창을 내고, 뒤쪽이나 옆쪽에 작은 창문을 냈다.

창문은 침입을 막고, 빛을 조절하고, 신선한 바람을 받고, 추위를 막고, 벌레들이 들어오지 못하게 한다. 우리 선조들은 이런 쓰임을 위해 창문을 여러 겹으로 달았다. 짐승이든 도둑이든 들어오지 못하게 큰 창에는 여닫이 덧문을 달았다. 땡볕과 거친 바람을 막기 위해서는 '창호지 창'을 달고, 추위를 막기 위해서는 '갑창'을 달았다. 그리고 벌레가 못 들어오도록 '사창'을 달았다.

살림살이가 넉넉한 집은 이 창문들을 모두 갖추었다. 225쪽 '그림 마'는 세 겹 창을 이룬 쌍창이다. 바깥쪽으로 여닫이 덧문을 달고 미닫이 창호지 창, 사창, 갑창을 달았다. 갑창은 네 짝으로 이루어져 양 끝에 있는 갑창은 고정하고 가운데 갑창을 여닫으며 쓴다. 양끝 갑창 대신 널판을 대고 도배지로 싸 바르는 경우도 있다. 이를 '두꺼비집'이라 한다. 여기서 가운데 갑창 두 짝을 떼어내고 사창을 달면 창문 수를 줄일 수 있다.

또 사창을 없애면 여닫이 덧문에 두 짝 미닫이 창호지창과 네 짝 갑창이 된다. 여기서도 가운데 갑창 두 짝을 떼어내고 사창을 달면 여름을 시원하게 보낼 수 있다. 이 정도 창문을 다 갖춘 집은 드물게 넉넉한 집이었다. 보통 방 바깥쪽에 사분합문(세살문)을 달고, 그 안에 완자 또는 아자 창호지 창을 달고, 안쪽에 방한용 갑창을 달았다.

창문 규모를 좀 더 줄이려면, 바깥에 여닫이 덧문을 달고, 안쪽으로 네 짝 미닫이 창호지 창을 단다. 창호지 창 양 끝으로 두꺼비집을 만들면 쌍창 창호지 창을 모두 열 수 있다. 더운 여름철이 되면 창호지 창의 창호지

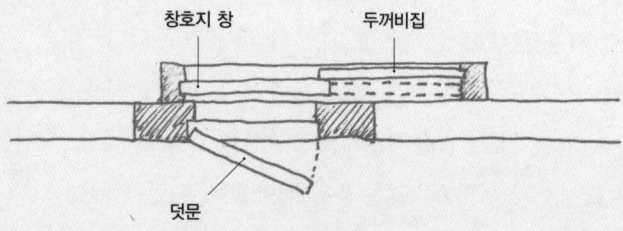

● 그림 가 한 장 미닫이

● 그림 나 두 짝 미세기

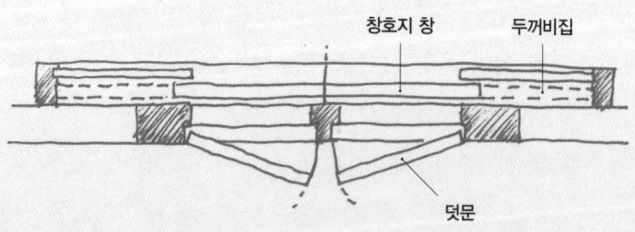

● 그림 다 두 짝 미세기와 두꺼비집

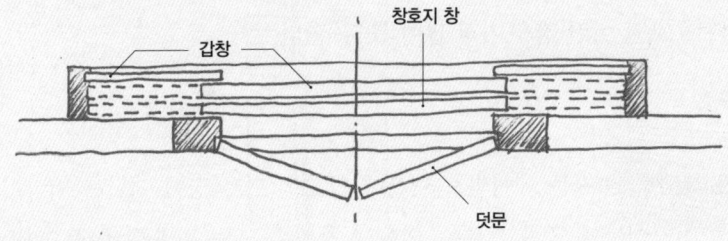

● **그림 라** 두 장 미닫이

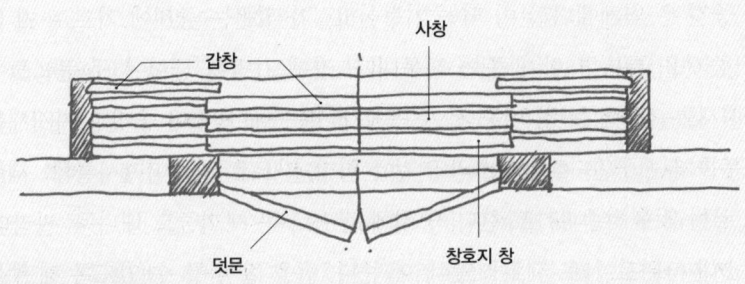

● **그림 마** 세 겹 쌍창

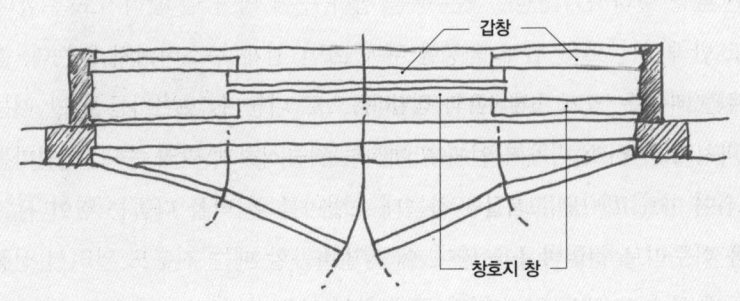

● **그림 바** 사분합문

를 모두 떼어내고 여기에 망사를 발라 사창으로 쓰기도 한다.

살림이 넉넉하지 않은 집은 그냥 덧문에 문풍지를 달아 쓴다. 사실 답사를 다녀 보면 이런 집을 가장 많이 볼 수 있다.

●

창문 달기   창문은 여닫는 덧문이 있고 옆으로 밀어 여닫는 미닫이가 있다. 여닫이는 왼쪽과 오른쪽, 위아래 창틀에 모두 홈대를 판다. 홈대 폭은 덧문 폭과 같고(보통 1치 남짓) 깊이는 3푼 정도다.

창문은 돌쩌귀나 경첩을 박아 창문틀에 고정한다. 창문을 닫으면 홈대에 창문이 알맞게 마감이 되어 벌레나 바람을 막을 수 있다.

미닫이창은 아래위 창틀에 홈을 파고 창에도 혀를 내어 서로 물리도록 한다. 창틀 위쪽은 깊은 홈을 파고, 아래 창틀에는 얕은 홈을 판다. 창문짝 위아래에 있는 혀는 창틀 홈 깊이에 알맞게 만든다. 따라서 위쪽 혀는 길고 아래쪽 혀는 짧게 된다. 창 위쪽을 먼저 끼워 넣고 아래 홈대에 맞춰 내리 앉히면 창틀에 창을 달 수 있다. 미닫이창에도 양옆 창선에 창문이 물리도록 홈대를 판다.(깊이 3푼 정도.) 여닫이 창문처럼 창을 닫았을 때 바람이나 벌레를 막을 수 있도록 한 것이다.

한옥 창문에 쓰는 돌쩌귀는 여닫이 창문에 다는 암수 한 쌍의 쇠붙이로 촉이 있는 수톨쩌귀는 문짝에 박고, 구멍이 뚫린 암돌쩌귀는 문설주에 박아 대어 창문을 여닫을

한옥 창문에 쓰는 돌쩌귀.

방문으로 두 짝 여닫이와 두 짝 미닫이를 달았다. _성읍 민속마을

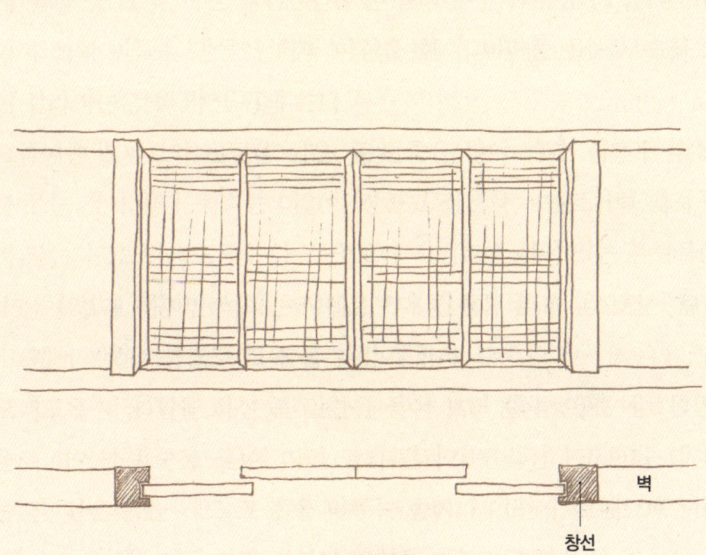

네 짝 미세기

수 있도록 한 철물이다. 경첩과 달리 돌쩌귀는 문짝을 들어 올려 창을 떼어 낼 수 있다. 볕 좋은 날 문짝을 떼 내어 창호지를 새로 바를 때 편하다.

창문 홈대는 여닫이일 때, 미세기일 때가 다르고 미세기라도 두 짝일 때, 네 짝일 때가 다르다. 여닫이 홈대는 보통 1.2치 폭으로 깊이 3푼 정도를 문틀에 파면 된다.

두 짝 미세기는, 창문 두 개를 닫았을 때 창문 가운데에서 창문틀이 서로 겹쳐 있는 것을 말한다. 보통 집안에서 왼쪽은 고정되고 오른쪽 창문을 열도록 하는데 손잡이 홈을 좌우 창문틀에 모두 파 양쪽 모두 열 수 있도록 한다. 두 짝 미세기를 달고자 할 때 미리 창문틀에 홈대를 파 두어야 한다.

미닫이는 여닫이문과 함께 쓰는 경우가 많다. 보통 여닫이는 바깥쪽에 달고 안쪽으로 미세기를 단다. 두 짝 여닫이에 안쪽으로 두 짝 미닫이를 다는 경우도 많은데, 이때는 미닫이 위와 아래에 있는 창문틀을 길게 늘려서 미닫이를 양쪽으로 열 수 있게 한다.

네 짝 미세기는, 창문 네 개를 닫았을 때 창문 가운데에서 창문틀이 서로 맞닿는다. 보통 양쪽 창문은 고정하고 가운데 창문 둘을 여닫아 쓰지만, 손잡이 홈을 모두 파 창문 네 개를 모두 양쪽으로 열 수 있게 만든다.

●

시스템 창호 우리 전통 창문은 요즘 우리가 쓰기에는 불편한 점이 많다. 지금은 시스템 창호를 많이 쓴다. 유독 우리 나라는 이중창을 많이 달고 있다. 횡성 현장이나 양평 현장에서도 이중창을 달았다. 이중창은 창틀 두께가 225mm가 된다. 집 벽체가 180mm면 창틀 두께가 45mm나 더 큰 것이다. 벽면보다 튀어나온 창호틀 둘레에는 몰딩을 두르면 된다. 그러면 창문이 바깥 풍경을 담은 액자같이 보이기도 한다. 북유럽처럼 시스템 홑

창을 달아도 괜찮을 듯싶다.

●

대문 만들기   문은 모양이 변하거나 갈라지지 않아야 하고 오래 써도 잘 여닫을 수 있어야 한다. 문 만드는 데 쓸 나무는 그늘에 오래 잘 말리고 반듯하게 세워 보관한다.

　대문을 만들려면 먼저, 문 크기를 정해야 한다. 문은 문틀보다 사방 모두 1치에서 2치씩 커야 한다. 하 둔테로 세운둔테*를 쓸 때는 문 좌우 폭이 문틀 안쪽 면보다 각각 1.5치 정도는 더 커야 폭이 3치 정도 되는 하 둔테를 세워 붙일 수 있다. 문 위쪽은 상 둔테를 단다. 상인방 춤이 낮을 때는 상 둔테 폭이 좁아지므로 문이 크면 상인방 춤도 5치는 되어야 바람직하다.

　다음으로 부재를 다듬는다. 대문 널로 쓸 판재는 두께가 모두 고르게 1치는 넘어야 한다. 널 폭은 보통 7치에서 8치 정도로 하지만 문 크기에 따라 다르게 한다. 양쪽 끝에 쓰는 판재는 2푼 정도 더 두껍게 한다. 장부를 튼튼하게 만들기 위해서다. 판재끼리는 반턱쪽매로 서로 물리게 한다. 대문 널 양 끝과 가운데 널 한 쪽은 쪽매를 넣지 않는다. 두께가 두꺼운 양끝 널은 띳장이 붙지 않는 바깥쪽을 비스듬히 대패질해 이웃한 널과 두께를 맞추면 된다.

---

* '둔테'는 판문을 달기 위해 판문 양쪽 위 아래로 난 장부를 끼울 수 있도록 구멍을 파고 인방에 붙여 대는 부재다. 위쪽 둔테를 '상 둔테' 아래쪽 둔테를 '하 둔테'라 한다. 상하 둔테를 양쪽에 따로따로 짧게 만들기도 하고 한 몸이 되도록 길게 만들기도 한다. 하 둔테를 결 방향으로 길게 세워 만들면 '세운둔테'라 한다. 세운둔테는 무게가 많이 나가는 대문에 쓰고 둔테 아래쪽은 신방석이나 주춧돌에 그레질해 세운다.

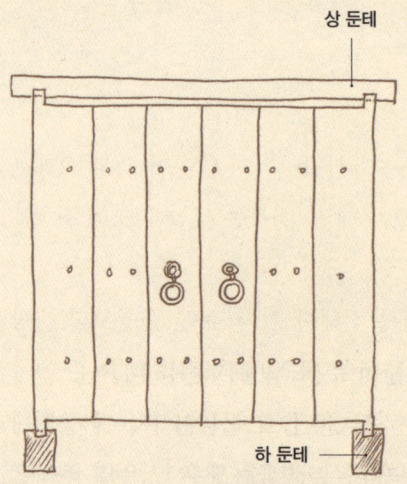
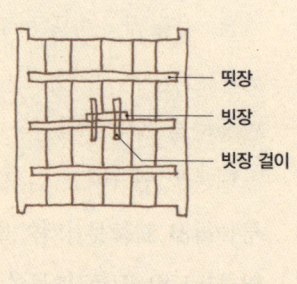

대문 하 둔테로 세운둔테를 만들어 붙였다. 판문 장부를 튼튼히 하기 위해 감잡이쇠를 둘렀고, 널과 뒤쪽 띳장은 원두정을 박아 고정했다. _강릉 객사문

판재가 얇거나, 문을 더 튼튼히 만들려고 할 때는 판재와 띳장을 주먹장으로 맞춤 한다. 그러면 모양이 변하거나 틈이 벌어지는 것을 막을 수 있다. 띳장은 보통 세 군데에 붙이는데, 판문 위쪽과 아래쪽 6치에서 8치 정도 되는 자리에 하나씩 붙이고, 중간 띳장은 가운데에 붙인다.

띳장 길이는 판문 넓이와 같거나 조금 짧게 하며 폭은 2.5치, 춤은 1.5치 정도로 한다. 띳장을 판재와 주먹장맞춤 하려면 춤을 조금 더 크게 해야 한다. 솟을대문처럼 큰 문은 판재와 띳장 모두 3푼

대문 널과 띳장을 주먹장으로 맞춤했다. _양평 도장리 현장

에서 5푼 정도 크게 한다. 빗장과 빗장 걸이는 중간 띳장에 걸쳐 댄다. 빗장 걸이는 문 가운데에서 양쪽으로 8치 정도 사이를 벌려 다는데, 문이 작을수록 가까이 붙인다. 빗장을 걸었을 때 빗장 앞 끝이 왼쪽 빗장 걸이를 5푼 넘게 빠져나오게 하고, 열었을 때 빗장 앞 끝이 왼쪽 판문을 1치 넘게 덮도록 만든다.

빗장을 잘 여닫을 수 있도록 빗장걸이 홈은 빗장보다 살짝 크게 판다.

판문 장부촉은 자른면을 둥글게 만들며, 위쪽은 길이가 두 치 넘게, 아래쪽은 한 치 안 되게 한다. 문 양끝 모서리는 둥글게 모 접어서 문을 여닫을 때 걸리지 않도록 한다. 상 둔테에 있는 장부구멍은 완전히 뚫고, 하 둔

빗장에는 손잡이가 둘 있다. 빗장을 걸면 왼쪽 손잡이가 왼쪽 빗장 걸이에 닿게 되고, 빗장을 풀면 왼쪽 손잡이가 오른쪽 빗장 걸이에 닿게 되어 문을 열 수 있다. _학사재 사당채

테에 있는 장부구멍은 아래쪽 장부촉 길이보다 조금(3푼 정도) 적게 판다.

  이제, 문을 조립한다. 모탕 위에 띳장을 나란히 올려놓고 그 위로 문 널을 순서대로 올려놓는다. 띳장이 주먹장일 때는 띳장 양끝에서 가운데 쪽으로 판문 널을 밀어 넣는다. 이때 띳장은 쓸 길이만큼 미리 만들어 판문 널을 끼워 댄다. 판재와 띳장은 도내두정이나 원두정, 광두정, 못 들을 박아 띳장을 뚫고 튀어나온 부분을 구부려 되박는다.

  문을 맞춘 상태에서 판문 위아래를 길이에 맞게 자르고 빗장과 빗장 걸이를 고정한다. 띳장 양쪽 끝을 한 치 정도 들여서 비스듬히 자르면 문을 더 활짝 열 수 있다. 빗장 걸이가 걸터앉는 중간 띳장은 미리 문 가운데서

잘라 주고 나머지 띳장은 새집에 들어가는 날까지 자르지 않는다.

  마지막으로 문을 단다. 만들어 놓은 판문 크기를 잰 다음 하 둔테 하나를 제자리에 고정하고 판문을 하 둔테에 걸친다. 대접쇠가 있다면 판문을 걸치기 전에 하 둔테에 고정한다. 대접쇠는 대문과 둔테가 닳지 않도록 장부구멍 가장자리에 단다. 목수평으로 판문을 수직으로 세운 다음 나머지 하 둔테를 고정한다. 상 둔테는 판문을 세운 채 위쪽 장부에 끼워 고정한다. 이때 판문을 뺄 수 있도록 상 둔테는 아래쪽 장부 길이 남짓 띄워 올려 고정한다.

  판대문을 다 만들었다. 새집에 들어가는 날, 집주인이 아래 위 띳장을 손톱으로 자르고 문을 연다. 열린 문으로 안주인은 불씨를 들고 들어가고, 이웃들이 모여 기쁨을 나눈다. 좋은 날 좋은 얼굴 맞이하게, 세상 기쁨 들어오게.

집 안팎 꾸미기

집 뼈대와 전기, 조명, 배관을 마무리하면 마지막으로 도배, 장판을 한다. 한옥에는 한지 도배가 어울린다. 얇은 문종이를 초배지로 쓰고 도배지로 나오는 두꺼운 한지로 도배하는 것이 좋다. 시중에 나오는 한지는 얇아서 황토 흙빛이 그대로 비친다. 좋은 황토로 마감 미장을 한 벽이라면 굳이 도배를 하지 않아도 좋다. 밝은색을 띈 누런 황토를 골라 고운 알갱이만 말리고 숙성시켜 고운 모래와 도박 끓인 물을 섞어 미장을 하면 좋다. 황토 방에서 지내면 병든 몸이 낫고, 피부병도 고칠 수 있다고들 한다. 벽체 아랫부분만 한지로 도배하고 위로는 황토벽을 그대로 드러내는, 부분 도배도 괜찮은 것 같다.

온돌방이 아니라면 방바닥에 보통 장판을 쓰면 된다. 강화마루는 본드로 압축한 것이라 건강에 좋지 않다. 원목 강화마루도 있지만 흠집이 잘 생긴다. 대나무로 된 강화마루는 찬 기운이 있어 권하고 싶지 않다.

구들방이라면 방바닥에 고운 황토를 도박 끓인 물에 반죽한 다음 미장한다. 바닥 미장을 말린 뒤 두세 차례 되 메김질을 하면 갈라지지 않는다. 여기에 초배지를 바르고 장판지를 깐 뒤 콩땜을 하면 가장 좋다.

도배, 장판을 마치면 전등을 달고, 싱크대나 붙박이장을 들이면 집을 들어와 살 수 있게 된다. 준공검사를 통과하고 이사를 했다고 집 짓기가 다 된 것은 아니다. 이제 집 주변을 다듬고 꾸며야 한다. 예쁜 담도 쌓고, 나무와 꽃도 심고, 마당 디딤돌도 놓으면 좋다.

초배지를 바르고 있다. _양평 도장리 현장

포크레인으로 축대를 쌓고 있다. _양평 도장리 현장

　이럴 때 중장비(포크레인)를 불러 일을 하면 참 쉽지만 아주 돈이 많이 든다. 이미 집터를 고르고 다지면서, 또 기단을 놓거나 옹벽을 쌓을 때 여러 번 포크레인을 불러 일을 시켰다. 양평 도장리 현장에서는 포크레인을 빌려 쓴 비용이 중고 포크레인을 사는 비용과 맞먹었다. 그래서 터가 고르지 않거나 비탈진 곳에 집터를 잡아 집을 짓게 된다면 중고 포크레인을 사서 사용법을 익혀 직접 운전해서 집 지을 준비를 하면 좋겠다는 생각도 든다. 1톤 이하 농업용 포크레인은 면허 없이도 운전할 수 있다. 집터도 고르고, 나무도 심고, 담도 쌓고, 텃밭도 고른 다음 되팔면 된다. 비용도 줄이고 일손도 덜 수 있다.

목수가 쓰는 연장

끌은 목수 일의 시작이다. 처음 목수 일을 할 때 끌질부터 제대로 배워야 모든 일을 올곧게 배울 수 있기 때문이다. 목수는 끌을 갈 줄 알아야 하고, 나뭇결을 봐가며 끌을 쓸 수 있어야 한다. 나뭇결을 볼 줄 안다는 것은 끌질 몇 번으로 금방 홈을 파서 일을 빠르고 깨끗이 할 줄 안다는 것이다.

끌에는 치는 끌, 미는 끌, 조각 끌이 있다. **치는 끌**은 수장 구멍을 파거나 뚫을 때, 또는 장부를 만들 때 쓴다. 주로 망치로 힘껏 치면서 쓰기 때문에 치는 끌이라 한다. **미는 끌**(밀끌)은 망치로 치지 않고 밀어서 필요 없는 부분을 깎아낼 때 쓰인다. 조각 할 때도 쓰지만 커다란 부재를 치목할 때도

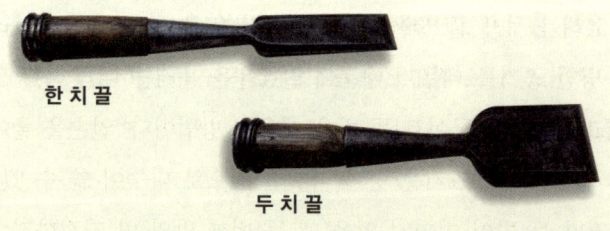

한 치 끌

두 치 끌

많이 쓴다. 인두처럼 생긴 **인두끌**은 조각할 때 많이 쓴다. **환끌**은 모양새가 둥근 끌이다.

　목수 일을 시작하게 되면 가장 먼저 배우는 것이 끌질과 대패질이다. 목수는 대패질을 하면서 체력과 수평감각을 키운다. 끌질, 대패질을 제대로 배우지 못하면 도목수도 편수도 될 수 없다. **대패**는 나무를 깨끗하게 깎을 때 쓰는 연장이다. 대패에는 '평대패', '배대패', '썰매대패', '훑이기', '홈대패', '개탕', '변탕' 들이 있다. 이 가운데 훑이기 빼고는 모두 당겨서 쓴다. 일제 강점기 뒤로는 덧날을 끼워 당겨 쓰는 일본식 대패를 많이 쓰고 있다.

평대패　　개탕　　훑이기

　끌과 대패가 목수들 기본 연장이라면 먹통과 먹칼은 도편수를 상징하는 연장이다. 한 이십 년 전에는 아무리 경험 많은 목수라도 도편수가 아니면 먹통과 먹칼을 자주 쓰지 않았다. 하지만 이도 다 옛말이고 요즘에는 초보 목수들도 먹통을 가지지 않은 이가 없다.
　먹통은 먹물 주머니와 실타래가 있어 먹실로 곧은 선을 칠 때 쓴다. 예전

손으로 깎아 만든 먹통

먹칼

에는 산뽕나무, 돌배나무, 오동나무처럼 질기고 잘 깨지지 않는 나무로 먹통을 만들었다. 은행나무, 느티나무, 대나무 뿌리로도 만들어 썼다고 한다. 먹물 주머니에 소금을 넣으면 겨울에도 먹실이 얼지 않는다. 먹실은 명주실을 주로 썼다.

먹칼은 이음이나 맞춤을 위한 장부를 그릴 때 쓰는 연장이다. 먹칼은 대나무로 만드는데, 푸른 햇대가 아닌 겉이 누런 노대로 만든다. 마디가 긴 노대를 잘라다가 잘 말려서 먹칼로 쓸 부분을 잘게 칼금을 넣어 먹물이 머금을 수 있게 한다. 먹칼 뒷부분은 붓처럼 쓸 수 있도록 길쭉하게 가지를 내고 망치로 두들겨 먹물을 머금을 수 있도록 한다.

목수들 연장에서 빼놓을 수 없는 것이 바로 길이를 재는 자다. **곡자**는 편수가 보머리나 기둥 사개와 여러 장부들을 그릴 때 쓴다. 직각으로 꺾여 있어 네모난 부재에 먹금을 이어 긋기에 편하다. '기역자'라고도 한다. **장척**은 곧고 긴 나무 잣대에 기둥 높이, 인방 자리나 높이, 보나 도리 길이 들을 표시해 만든다. 보통은 장척을 두세 개씩 만드는데, 한번 만들면 집을 다 지을 때까지 쓴다.

그므개

또 하나 소개할 자로 **그므개**가 있다. 여러 책에서 '촌목', '고무래자'라고 소개하고 있지만 현장에서는 그므개라 한다. 부재 옆면에 그므개판을 대고 그으면 고른 간격으로 선을 그을 수 있다.

전에는 목수들이 끌을 쳐서 홈을 파거나 구멍을 낼 때 망치로 치기도 했지만 **장도리메**라는 대추나무 방망이로 끌을 두드렸다. 요즘도 조각할 때 장도리메로 끌을 두드려 나무에 모양을 낸다.

치목이 끝난 부재를 서로 맞추고 짜려면 커다란 나무 메가 필요하다. 현장에서 흔히 '떡메'라고 한다. 떡메는 주로 아카시아 나무나 참나무로 만드는데, 어떤 목수는 메를 만드는 나무가 더 단단하면 부재가 다칠 수 있다고 연한 나무로 만들어 쓰기도 한다.

자귀는 대자귀, 손자귀가 있고 망치로 쓰기도 하는 깎귀가 있다. **자귀**는 날이 쇠로 되어 있고 여기에 몸체를 나무로 깎아 끼워 쓴다. **대자귀**는 양손으로 쓸 수 있는 큰 자귀고, **손자귀**는 한 손으로 쓸 수 있는 작은 자귀다. 대자귀는 톱이나 도끼질 다음에 나무를 떨어내고 다듬을 때 쓰고, 손자귀는 나무 말뚝이나 받침목 같은 작은 나무를 깎을 때 쓴다. 요즘에는 엔진

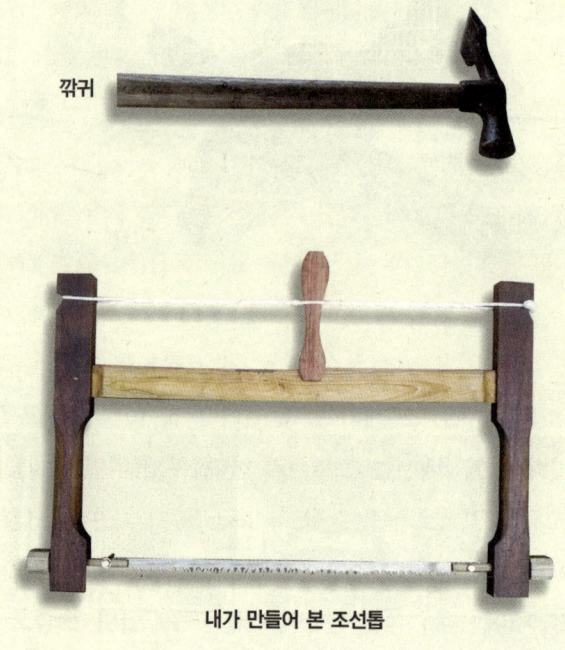

깎귀

내가 만들어 본 조선톱

톱이나 원형톱을 쓰느라 대자귀는 거의 쓰지 않는다. **깎귀**는 몸체 앞이 망치 모양으로 되어 있고 뒤는 나무를 깎을 수 있게 날이 서 있다.

그러고 보니 중요한 톱을 소개하지 않았다. 벌목할 때 쓰는 큰 톱이 있고, 혼자 한 손으로 쓸 수 있는 작은 톱이 있다. 나뭇결에 따라 켜는 톱을 **내림톱**이라고 하고, 나뭇결을 가로 자르는 톱을 **썰음톱**이라 한다. **조선톱**은 탕개를 탕개줄 가운데에 꽂아 돌리게 되면 톱냥이 팽팽하게 당겨져 쓸 수 있도록 만든 톱이다. 두 사람이 양쪽에서 톱손을 잡아 서로 밀고 당기고 하면서 나무를 자르고 켰다.

이제는 현장에서 여러 가지 전동 공구와 엔진 공구도 함께 쓰고 있다. 전동 공구를 쓰면 빨리 많은 일을 할 수 있지만, 또 그만큼 위험하고 옛날보다 일 양이 많아져서 목수들은 몸이 고달프다.

한옥, 짓고 살아 볼 만한 집

　한옥 짓는 일을 하면서 생긴 좋은 일이 있다면, 그윽한 솔향기를 맡으며 일한다는 것, 특별난 스승이 없었기에 스스로 공부를 했다는 것, 몸을 써서 일하는 즐거움을 안다는 것, 한옥은 볼수록 멋지고 그래서 내 눈도 즐겁다는 것이다.
　한옥 공부를 하면서 분명하게 내 눈을 밝히는 사실들이 있다. 한옥이 겉치레가 없는 집이라는 것이다. 한옥에 쓰는 부재들은 모두 저마다 쓰임이 있는 것들이다. 눈요기나 호사를 위해 쓰는 부재는 없다. 오로지 안정된 구조를 갖기 위해 오랜 세월 발전해 왔다. 그런데도 한옥이 아름다운 것은 기막힌 비율과 부드러운 곡선 때문이다. 멋진 처마 선, 자연스럽게 굽이친 통나무가 대들보로 걸린 것을 보면 얼마나 아름다운지. 벽에 난 창문과 벽선, 인방재들은 하얀 벽체를 자유로운 질서와 아름다운 규칙에 따라 나눈 것 같다.
　이런 멋을 보려고, 날이 궂어 일을 못하는 날에는 그 동네 옛집을 구경하러 다닌다. 다 비슷해 보여도 같은 집이 없다. 잘 들여다보면 그 집만 가진 멋이 있다. 옛집 구경을 하다 보면 옛사람들이 기발한 솜씨로 지은 것도 심심찮게 보게 된다. 대부분 큰 목재를 구하지 못했거나 나무가 부족해서 이를 보완하기 위해 머리를 쓴 것이다.

집을 짓고 살고 싶은 이들이라면 한옥을 찾아다녔으면 좋겠다. 참 좋은 한옥을 오래오래 여러 번 쳐다보면 집을 보는 눈이 좋아지기 때문이다. 집에 눈이 뜨이면 재미나고, 재미나면 사랑하고, 사랑하면 흥이 나니 한옥 집 구경이 그래서 좋다.

누구든 살림살이를 할 집이 필요하다. 세를 내든, 집을 사든, 집을 짓든. 먹고 입고 자려면 집이 필요하다. 집 장만을 할 돈만 있다면 지어진 집을 사는 것이 가장 손쉽다. 한옥을 사서 살려면 손볼 곳이 많은 게 문제다. 새로 짓거나 크게 보수를 해야 한다. 한옥은 새로 짓든 고쳐 짓든, 콘크리트 주택이나 조립식 주택처럼 간단하지 않고 참 많은 손길이 간다. 그렇지만 한옥을 짓고 살아볼 만한 이유가 있다.

살림집으로 한옥이 좋다는 것은 아직까지 그 어떤 집도 한옥만큼 몸에 좋은 집이 없기 때문이다. 콘크리트 건물은 시멘트가 주재료인데 그 시멘트가 문제고, 조립식 목조 주택은 벽체와 지붕을 감싸는 합판(OSB)과 석고보드, 유리섬유(인슐레이션)가 문제다. 요즘 새롭게 많이 짓는 ALC 주택은 그 원재료가 바로 시멘트다. 아파트는 시멘트로 조립해 세우는데, 이 시멘트로 말할 것 같으면 여러분들이 상상하는 정도를 훨씬 넘어설 만큼

산업폐기물이 많이 섞여 있다. 무엇이 들어갔는지는 굳이 말하고 싶지 않다. 목조 주택에 쓰는 OSB 합판은 그야말로 본드로 범벅된 합판인데, 놀랍게도 식당 테이블이나 벽체와 천정 마감재로도 많이 쓰고 있다. 석고보드와 유리섬유도 포장지에 친환경 마크가 있지만 그 자체가 몸에 해를 끼치지 않는다는 뜻은 아니다. 게다가 처마나 기단이 없는 집에서는 곰팡이와 함께 살아야 한다. 목조 주택은 집안 위쪽이 여름에 뜨겁고 겨울에는 춥다. 바람이 세게 불면 집이 흔들리고 방음에도 문제가 있다. ALC 주택은 습기에 너무 약하다.

이런 굵직한 문제들을 넘어 몸과 마음이 편한 집이 바로 흙과 나무, 돌로 지은 집이다. 바로 한옥인 셈이다. 그렇다고 요즘 짓는 한옥에 문제가 없지는 않다. 한옥에도 시멘트를 많이 쓰는 것이 현실이다. 다만 시멘트를 기초와 기단에 쓰고, 기와를 이을 때 와구토에 섞어 쓰는 정도라면 건강한 살림살이에 문제가 없다. 시멘트를 섞지 않는다면, 바짝 말려 걸러 낸 고운 황토와 도박(해초)만으로 벽과 방바닥을 만든다면 그 집이 기와집이든, 황톳집이든 무슨 상관이 있겠는가? 새로 지은 집이 그 생명을 다했을 때 집에 몸과 뼈가 되었던 것들이 아무 문제없이 자연과 하나 되어 돌아간다면 더 바랄 것이 없다.

한옥이라 살기 좋은 것은, 다른 건축물보다 훨씬 두껍고 커다란 지붕 공간을 가지고 있기 때문에 따뜻하면서도 시원하기 때문이다. 게다가 처마가 길게 빠져나와 장마철에도 창을 열어 환기할 수 있고, 뜨거운 여름 볕을 가릴 수 있으니 여름에 시원하다. 한옥에서 늘 걱정거리였던 단열도 지금은 그렇게 문제가 되지 않는다. 요즘 집 짓는 데 쓰는 좋은 단열재들을 모두 쓸 수 있기 때문이다. 시간이 지나면서 나무와 나무, 나무와 흙 사이에 틈이 벌어지는 것을 막기 위해 목수들은 나무와 나무 사이에, 흙과 만나는 나무에 꼼꼼하게 마감재를 끼워 넣는 수고도 마다하지 않는다. 창문이 많아 생기는 외풍은 한옥에 시스템 창호를 달아 막을 수 있다. 난방 시스템도 모두 최신 제품들을 쓰고 있다. 벽체에는 단열재를 넣고, 방 천장에도 단열을 하고 지붕에도 이중으로 단열을 해 지붕으로 빠져나가는 열기를 잡는다. 이제 단열에 있어 다른 집들과 비교해도 뒤떨어지지 않게 되었다. 한옥 집은 벽을 흙으로 만들기 때문에 방음에도 뛰어난 집이다.

한옥 목수로 십 년 넘게 일하면서, 집주인이 집 잘 지었다고 기뻐하고 이웃에 자랑할 때 큰 보람을 느낀다. 목수로서 자부심도 많아지고 전통 건축에 담긴 지혜를 본받아 더 발전시켜야겠다는 마음도 점점 커진다. 다만 몇 가지 한옥 현장에 있는 문제점은 앞으로 고쳐나가야 할 것이다.

살림집을 지을 때 한옥은 다른 집보다 더 많은 돈이 든다. 마당 있는 땅을 구해야 하고, 나무 값도 비싸고, 목수들 품삯도 만만찮다. 그래서 일을 빠르게 마쳐야 집주인도, 집 짓는 이도 돈을 아끼고, 벌 수 있다. 일을 빠르게 마무리 지으려고 서두르게 되면 목수들은 너무 괴롭다. 그 과정에서 일을 대충하게 되는 것은 뻔한 현실이다. 공사 기간을 될수록 줄여야 하기 때문에 시멘트나 접착제를 많이 쓰게 된다.

안타까운 현실이지만 방법이 없는 것만은 아니다. 지금 각 시도 지자체에서는 한옥 짓는 것을 북돋기 위해 몇 천만 원에서 일억 원까지 지원금을 주고 있다. 이 돈이면 한옥 살림집을 짓는 데 큰 도움이 된다. 이 지원 제도를 이용해서 못난 곳 없이 잘난 한옥 살림집을 지으면 마음이 한결 가벼워질 것이다. 그리고 뜻있는 이들이 모여 한옥 단지를 만들어 여러 채를 시간 간격을 두고 함께 지을 수 있다면, 집 한 채를 얼른 짓고 다른 집을 지으려는 조바심으로부터 벗어날 수 있다. 이런 방법을 통해 시간에 쫓기지 않으면 멋진 집을 만들 수 있을 것이다.

우리 나라에는 우리 문화재를 올곧게 보존하고 발전시키기 위해 '문화재 보호법'이 있다. 이 법에는 건축 문화재 보수 공사를 할 때 전문 업체에 소속된 대목들이 일을 하도록 되어 있다. 하지만 현실은 그렇지 않다. 문화재 보수업체에 실제 회사 직원으로 일하는 목수는 거의 없다. 문화재청이나 시도 지자체 문화재 담당 감독관들도 이런 사실을 알고 있지만, 문화재 보수 공사가 설계대로 이루어지기만 하면 상관하지 않는다. 겉모습으로 드러나는 결과만 보았을 때, 문화재 보수와 보존이 설계대로 된다면 이런 현실이 무슨 문제가 있겠는가? 하지만 문화재 보수 일을 직접해 본 목수가 보기에는 겉으로 드러나지 않는 문제들이 많다. 일이 끝나면 목수들은 또 다른 현장으로 떠돌이 생활을 한다. 건축 문화재를 보수하고 옛 멋을 되살리는 대목이 이 일 저 일 떠돌아다니면서 일거리를 찾아서 일하니, 문화재 보수 일의 원형 유지, 일관성, 올바른 되살림, 이런 것들을 기대하기 힘든 상황이다. 가까운 일본처럼 문화재 일을 하는 대목들이 공무원 신분으로 문화재 보수와 지킴이를 하면 이런 문제를 한 번에 고칠 수 있다. 그러면 우리 나라, 여러 지역 문화재 보수 이력과 계통이 자연스럽게 쌓이고, 문화재를 제대로 보존, 복원할 수 있는 힘을 기르게 되리라 생각한다.

좋은 집을 짓고 싶다. 좋은 집이란 식구 모두가 행복한 집이다. 살림하기에 편하고, 아이들은 맘껏 뛸 수 있고 힘주어 공부할 수 있는 집, 편히 쉴 수 있고 식구들과 장난도 칠 수 있는 그런 공간을 만들어 주는 집이 좋은 집이다. 굳이 멋지게 기와를 올린 한옥이 아니어도 좋다. 황톳집이라도 좋고 나무 집이라도 좋다. 다만 그 집도 사람처럼 그 쓰임과 생명이 다하면 아무 문제없이 자연으로 돌아갈 수 있으면 좋겠다. 그런 자연스런 집, 좋은 재료로 만든 집, 건강한 집, 그런 집을 짓고 싶다.

이 땅에 숨 쉬지 못하는 것들로 지은 집보다 사람처럼 숨도 쉬고 지혜롭고 넉넉한 집들이 많아졌으면 좋겠다. 이 책이 그런 바람에 작은 씨앗이 되었으면 한다.

● 참고한 책들

《건축계획론》(안영배 외, 기문당, 2007)
《건축, 구조디자인과 모형》(김종성 외, 구미서관, 2005)
《건축구조·역학 입문》(홍종만, 김두호 편저, 시공문화사, 2001)
《경재수종① 소나무》(이천용 외, 국립산림과학원, 2012)
《그림으로 보는 한국 건축 용어》(김왕직, 발언, 2000)
《목재이학》(정희석, 서울대학교출판부, 1986)
《문헌과 유적으로 본 구들이야기 온돌이야기》(김남응, 단국대학교출판부, 2011)
《문화재수리표준시방서》(명지대학교 부설 한국건축문화연구소, 문화재청, 2005)
《봉정사극락전 수리·실측 보고서》(문화재청, 2003)
《손수 우리 집 짓는 이야기 – 어느 중늙은이 신부의 집짓기》(정호경, 현암사, 1999)
《알기 쉬운 건축공사3 – 콘크리트공사》(일본공공건축협회, 기문당, 2006)
《알기 쉬운 한국건축 용어사전》(김왕직, 동녘, 2007)
《영조규범조사보고서》((사)한국건축역사학회, 문화재청, 2006)
《온돌문화 구들 만들기》(김봉준 외, 청홍, 2011)

《우리 가구 손수 짜기》(심조원, 현암사, 2009)

《이제 이 조선톱에도 녹이 슬었네 - 조선 목수 배희한의 한평생》(이상룡 엮음, 뿌리깊은나무, 1992)

《집우집주》(서윤영, 궁리, 2005)

《한국건축대계1 韓國建築大系1 - 창호窓戶》(장기인, 보성각, 1993)

《한국건축대계5 韓國建築大系5 - 목조木造》(장기인, 보성각, 1998)

《한국건축대계7 韓國建築大系7 - 석조石造》(장기인, 보성각, 1997)

《한국건축사 강론》(박언곤, 문운당, 1998)

《한옥과 한국 주택의 역사》(전봉희, 권용찬, 동녘. 2012)

《한옥시공메뉴얼》(전라남도, 2006)

《한국전통건축 제4집 - 민가건축1.2》(대한건축사협회, 보성각, 2005)

《한옥, 전통에서 현대로 - 한옥의 구성요소》(조전환, 주택문화사, 2008)

● 논문

〈팔작지붕의 가구에 관한 연구〉(이연노, 주남철, 대한건축학회논문집 17권3호, 2001)

〈우리나라 건축물에 사용된 목재 수종의 변천〉(박원규, 이광희, 건축역사연구(한국건축역사학회지), 2007)

〈전통기와지붕 시공법에 관한 연구〉(이재용, 명지대학교, 2008년)

● 방송

〈한옥의 향기〉 (부산 엠비씨 창사 45주년 기념 다큐멘터리) 1부~5부

● 참고한 인터넷 사이트

건축도시연구정보센터 http://www.auric.or.kr/
국립문화재연구소 http://www.nrich.go.kr/
국립산림과학원 http://www.kfri.go.kr/
문화재청 http://www.cha.go.kr/
한국건축사협회 http://www.kira.or.kr/
한국목재신문 http://www.woodkorea.co.kr/
한옥문화원 http://www.hanok.org/

● 찾아보기

ㄱ자쇠	33
가로장부맞춤	82
가시새	194
간사이	70, 122
간주	67
갈모산방	137, 142, 154
갈퀴맞춤	81
감잡이쇠	34, 230
갑창	223, 225
강다리	133, 134, 136
강회다짐	176
개탕	237
개판	18, 152, 156, 161, 162~164
건식 지붕	143
건축 신고	11, 49
건축 허가	11, 49
걷이	145
겉재목	27
게눈각	170
겹처마집	133, 150, 152, 155, 156, 157
경첩	226
고갱이	27, 28
고래	199, 200, 201, 202
고래뚝	199, 200
고름질	194
고리중방	185, 189
고막이	58
고미반자	39, 40, 41, 104, 162
고미보	101, 104, 108
고미서까래	104
고주	67
고창	221
곡자	239
골추녀	131
곳갓문	216
광두정	33, 232
광창	221
교살창	221
구들	19, 35, 198~204, 205
구들돌	202
구들장	199, 200, 201
구새	199, 200
국화정	33

굴도리	117, 118, 119, 120, 122, 123, 125	긴서까래	140
		깎귀	240
굴도리집	88, 109	꺽쇠	32, 170
굴뚝	199, 200, 201	꼬리보	104
굴뚝 개자리	199, 201	끌	236
귀기둥	66, 90, 122, 124, 129, 131, 135	납도리	113, 117, 119, 120, 122, 123
귀마루	181	납도리집	88
귀서까래	129, 141	내림마루	171, 175, 177, 179, 181
귀솟음	79	내림톱	240
귀창방	90	내진주	67
규준틀	58, 59	네 짝 미세기	227
그레발	76	네모기둥	64, 65, 96, 123
그레질	13, 76, 77, 79, 136, 164, 211, 214	높은기둥	67, 101, 102, 106, 107, 110
		높은기둥이 둘인 칠량집	119
그렝이	76, 77	높은기둥이 하나인 오량집	119
그므개	239	누르개	121, 144, 169
기단	35, 49, 50, 51, 56	누마루	205, 206, 207
기둥	13, 14, 17, 26, 30, 35, 49, 63~79, 84, 101, 105, 119	누하주	68
		눌외	194
기둥 굵기	70~71	다듬 주춧돌	12, 57, 58
기둥 높이	68~70	다락기둥	50
기둥감	72~73, 74	다락마루	58
기와	19, 35, 138, 171, 173, 174~181	다락집	58
기초 공사	12, 49~55, 56	다래박공	167, 168

다림	13, 77, 78		110, 116, 117~125, 129, 136, 138, 149, 161, 166, 185, 190, 195
단골	149		
단골 막이	149, 161	도박	32, 234
단연	140	독립 기초	50, 51
달쇠	33, 220	돌쩌귀	33, 226
대공	17, 93, 102, 107, 111~116, 121	동귀틀	208, 209, 210, 211, 212, 213
대동고래	204	동바리	67, 68, 111, 212
대들보	17, 67, 101, 102, 105, 106, 107, 108, 110, 111, 115, 121	동연	140
		동자기둥	17, 67, 92, 102, 107, 108, 111~116
대문	20, 34, 215, 216, 218, 222		
대문 만들기	229~233	동자대공	112, 113, 115, 116
대보	101	동자주	67, 111
대자귀	240	되돈고래	204
대접받침	95	되돌린고래	202, 204
대접쇠	233	되맞춤	81, 189
대주두	95	두 장 미닫이	225
대청	32, 205, 206, 220	두 짝 미닫이	227
대청마루	35, 162, 205, 222	두 짝 미세기	224, 228
덤벙초석	56	두 짝 여닫이	227
덧문	218, 224, 225	두꺼비집	223, 224
덧서까래	140, 141	두리기둥	65
덧추녀	158	두방내고래	203
도내두정	232	두짝 미닫이	219
도리	14, 17, 30, 63, 67, 90, 99, 105,	두짝 미세기	219

둔테	34, 229	맞배지붕	165, 166, 167, 168, 171, 173
들마루	205, 206	맞배집	109, 112, 122, 153, 154
들문	216	맞벽치기	194
들쇠	33, 220	맞연귀맞춤	82
들어열개	220	맞장부이음	80
들창	221	맞춤	81
등	119, 148	머름	186, 191
뜬창방	90, 92	머름동자	187
띳장	230, 231, 232	머름상방	187, 188
레벨기	58	머름상하방	185
마루	205~214	머름착고	187
마루청판	208	먹칼	238
마룻도리	121	먹통	237
마룻보	17, 67, 93, 101, 102, 107, 111, 112, 115, 121	메	239
		면판	33
마룻장	209, 211, 212, 213, 214	모자반	195
마족연	141	모탕고사	22
막돌초석	56	목기연	162, 165, 166, 167, 168, 170, 171, 172
막선자	141		
말구	26, 27	문	215~233
말굽선자	141, 142, 148	문고리	33
망와	174, 175, 178	문미	185, 186
맞댄이음	80	문상방	185, 186
맞댄쪽매	83	문선	30, 185, 188, 189

문설주	185, 186, 188, 192, 228	방문	216, 218
문지방	185, 186, 187	방주	65
문틀	188	방환	33
문풍지	226	배	30, 119
문하방	186	배대패	237
물 호스	58, 78	배목	33
물반	75, 78, 79	배수로	53
미는 끌	236	배흘림기둥	65, 66
미닫이	219, 222, 226	벽선	30, 187, 189
미세기	216, 219, 222, 228	변재	27, 28, 29, 164
미장	19, 193~197	변탕	237
민도리집	84, 85, 88, 90, 95, 185, 190	보	14, 30, 63, 84, 85, 96, 97, 101~110, 119
민흘림기둥	65, 66	보아지	14, 84~87, 90, 91, 97, 98
바깥 기둥	66, 90	보토	19, 176, 177
바라지창	221	봉창	221, 222
바람막이	199	부고	178
박공	18, 32, 116, 121, 145, 165~173, 180	부넘기	199
박공 두께	168	부엌문	216
반박공	168	부연	150, 152, 157~ 161, 162, 163, 169, 171
반연귀맞춤	82		
반턱맞춤	82, 124	부연개판	162, 163
반턱주먹장맞춤	116	부채고래	202, 203
반턱쪽매	83, 173, 229	분합문	32, 33, 219

불고래	199	상인방	30, 185, 186, 186, 187, 188, 189, 190, 192, 229
빗선자	141, 142		
빗이음	170	상투이음	80
빗장	230, 231, 232	샛기둥	67
빗장걸이	230, 231, 232	샛문	218
사각기둥	65	생석회	175, 176, 177, 178
사개맞춤	81	서까래	18, 29, 40, 121, 129, 131, 136, 138~149, 150, 152, 153, 154, 155, 156, 157, 159, 160, 161, 162, 163, 164, 169, 171, 220
사래	157, 160		
사립문	215, 216		
사분합문	223, 225		
사잇기둥	67	서까래 걸기	148
사주문	215, 217, 218	서까래 굵기	143~144
사창	223, 225, 226	서까래 나이 매기기	147~148
산자	152, 162, 175	선자개판	162, 163
산지	102	선자구간	133, 134, 152, 164
산지못	102, 110	선자도	145
삼량집	117, 118, 140	선자부연	160
상 둔테	229, 231, 233	선자서까래	121, 132, 141, 142, 145, 148, 151, 159, 162
상도리	17, 112, 117, 117, 121, 140, 144, 169		
		선자연	141
상량	121	설외	194
상량문	17, 121	세 겹 쌍창	225
상량식	17, 22, 23, 121	세살문	223
상방	185	세로장부맞춤	82

세운둔테	229, 230
소로	14, 90, 93, 98~100
소로방막이	93, 98, 99
소주두	95
속재목	27
손자귀	240
솟을각	168, 170, 171
솟을대문	215, 216, 218
솟을삼문	215, 216
수	27
수막새	174, 175
수사	195
수장목	185
수장재	19, 185, 189
수키와	174, 175, 177, 178
수평하중	90
숭어턱	108, 109
심	27
심이음	80
심재	27, 28, 29, 96, 164
싸리문	216
쌍갈맞춤	82
쌍장부맞춤	82
쌍창	223
썰매대패	237
썰음톱	240
아궁이	199, 200, 201, 203
아랫도리	121
아랫중방	185
안쏠림	79
안허리	129, 130, 131, 133, 152, 153, 154, 155, 156, 158
알매흙	175, 177
알추녀	131
암막새	174, 175
암키와	19, 173, 174, 175, 176, 177, 178, 178, 180
앙곡	130, 148, 152, 153, 154, 155, 156, 158
양갈퀴맞춤	81
어미동자	187
엇걸이산지이음	80
여닫이	216, 218, 220, 221, 228
여모귀틀	208, 209, 210, 2123
연정	19, 142, 148, 176, 179
오량보	101, 117, 118, 121
온기초	51
온벽	187

온연귀맞춤	82	육각기둥	65
온턱맞춤	171	은장이음	80
와구토	178	이매기	150, 151, 156, 159
왕겨숯	41, 194, 196, 197	이음	80, 150, 153
왕지	121	이익공	89
왕지기와	174, 178	이익공집	95
왕지도리	120, 121, 129, 136, 103, 104, 108	익공집	84, 85, 89, 90, 95, 107, 118
외 엮기	194	인두끌	237
외기도리	108, 117, 120, 121	인방	20, 185~192
외진주	66	인방재	188
용마루	144, 165, 175, 177, 178, 179, 180, 181	일각문	18, 216, 219
우물마루	20, 205, 206, 207, 208, 212	일자고래	203
우물마루 놓기	208	입주식(立柱式)	13, 22, 23
우물반자	40, 41, 42, 162	입주식(入住式)	19, 22
우미량	101, 103, 104, 108	자귀	240
우주	66	자연 주춧돌	12, 56, 58
원구	26, 27	장귀틀	208, 209, 210, 211
원기둥	64, 65, 123	장도리메	239
원두정	230, 232	장마루	205
원목 기둥	65	장여	14, 84, 90, 96, 97, 99, 100, 109, 110, 116, 123, 124, 125, 136, 185, 192
윗중방	185	장연	140
유로폼	52, 54, 55	장척	239
		재주두	95, 96

적새	178	줄기초	12, 52, 54
적심	19, 140, 175, 176, 179	중깃	190, 194
접시받침	98	중도리	102, 111, 117, 120, 121, 133, 140, 144
정벌바름	194		
정선자	141, 142	중도리왕지	133
정자쇠	33	중문	216
제혀쪽매	83	중방	186
조로평고대	150, 151, 152	중보	101, 102, 107, 121
조선톱	240	중인방	186, 187, 188, 189, 190, 192
조철	33, 220	지네철	32, 170
종도리	17, 140	지붕마루	178, 181
종보	14, 84, 85, 90, 94, 95, 97, 100, 101, 107	집우새	154, 166, 170
		집터	10, 11, 24, 35, 36, 44, 50, 53, 54, 136
주두	91, 95~100	짧은서까래	121, 140, 141, 144, 145, 162, 163
주먹장맞춤	83, 90, 109, 116, 125, 231		
주먹장사개맞춤	81	쪼구미	111
주먹장이음	80	쪽마루	68, 205, 206, 207, 210
주먹장턱맞춤	171	쪽매	83
주선	185, 187, 188, 189, 192	쪽소로	99
주심도리	121	착고	152, 161
주초	56	착고막이	178
주춧돌	12, 13, 35, 49, 50, 54, 55, 56~59, 63, 75, 76, 77, 111	창	215
		창문	216, 218
줄고래	202, 203		

창문 달기	226~228	턱솔맞춤	163
창방	9, 14, 90~94, 97, 98, 99	토기와	31
창선	27, 185, 188, 189, 192	토수	193, 196, 197
창호지 창	223, 224, 225, 226	통기초	12, 51, 52, 54
처마도리	102, 117, 119, 122, 133, 140, 147	통맞춤	82
		통소로	99
처마서까래	102, 121, 133, 134, 140, 144, 148, 162, 163, 169	통평고대	152
		톱	240
청석	35	툇마루	205, 206, 222
초매기	150, 151, 152, 156, 159	툇보	101, 102, 107
초벌바름	194	파련대공	99, 112
초석	56	판 차리기	179
초익공	89	판격쇠	171
초주두	95, 96	판대공	92, 99, 112, 113, 116
촉이음	80	판대문	33
추녀	17, 18, 120, 121, 129~137, 138, 142, 150, 157, 158, 179, 180	판선자	142
		팔작지붕	18, 156, 165, 166, 169, 171, 173
추녀곡	131, 133, 134, 158	평고대	18, 147, 148, 150~156, 159, 163
추녀마루	177, 180, 181		
춘양목	26		
충량	101, 102, 103, 104, 108, 121	평기둥	66, 101, 107, 125
치는 끌	236	평대문	216, 217
치받이흙	152	평대패	236
칠량집	102, 121	평부연	159

평사량집	117	회첨	110, 131
평서까래	130, 131, 133, 136, 141, 159	회첨골	131
평이음	80	회첨기둥	66, 67
포대공	112	회첨추녀	131
풍판	166, 173	훑이기	237
하 둔테	229, 230, 231, 233	흘림 없는 기둥	65
하방	185	흩은고래	202, 203, 204
하인방	30, 76, 185, 186, 187, 188, 190, 192, 209		
한 장 미닫이	224		
합각	18, 165, 166, 174		
합각벽	165, 173, 178		
헛간문	216		
헛보	101, 104		
현어	170, 171		
협문	216, 218, 219		
홈대패	237		
홍두깨흙	175, 177		
홑처마집	133		
화강암	58		
화방벽	35, 221		
확쇠	34		
환끌	237		
회벽	32		

보리살림총서

참 한옥 집 짓기
김 목수가 살림집 현장에서 쓴 이야기

2015년 11월 30일 1판 1쇄 펴냄 | 2021년 6월 28일 1판 2쇄 펴냄

글과 사진 | 김도수
감수 | 한진(화천한옥학교 학장), 길성민(문화재 기술자)
그림 | 김영봉
편집 | 김성재, 김소영, 김용란, 천승희
디자인 | 샘솟다
제작 | 심준엽
영업 | 나길훈, 안명선, 양병희, 원숙영, 조현정
독자 사업(잠지) | 정영지
새사업팀 | 조서연
경영 지원 | 신종호, 임혜정, 한선희
인쇄 | ㈜로얄프로세스
제본 | 과성제책

펴낸이 | 유문숙
펴낸 곳 | ㈜도서출판 보리
출판등록 | 1991년 8월 6일 제9-279호
주소 | (10881) 경기도 파주시 직지길 492
전화 | 031-955-3535
전송 | 031-950-9501
누리집 | www.boribook.com
전자우편 | bori@boribook.com

ⓒ 김도수, 2015

이 책의 내용을 쓰고자 할 때는, 저작권자와 출판사의 허락을 받아야 합니다.
잘못된 책은 바꾸어 드립니다.

ISBN 978-89-8428-898-0
ISBN 978-89-8428-775-4(세트)
이 책의 국립중앙도서관 출판시도서목록(CIP)은 서지정보유통지원시스템 홈페이지(http://seoji.nl.go.kr)와
국가자료공동목록시스템(http://www.nl.go.kr/kolisnet)에서 이용하실 수 있습니다. (CIP제어번호: C2015031191)